Technologie

des

ANILINS.

Handbuch der Fabrication des Anilins

und

der von ihm derivirten Farben.

Mit Benutzung der neuesten Fortschritte der Wissenschaft

von

M. Reimann.

Mit sechs in den Text gedruckten Holzschnitten.

BERLIN.

Verlag von Julius Springer.

—

1866.

ISBN 978-3-642-50485-3   ISBN 978-3-642-50794-6 (eBook)
DOI 10.1007/978-3-642-50794-6

Vorwort.

Seit einem Jahrzehnt ist die Anilinindustrie aus dem Nichts zu einer ungeahnten Grösse erwachsen. Mit bewundernswerther Schnelligkeit eroberte sie sich ein Gebiet, dessen Besitz seit Jahrhunderten ein unbestrittener war. Die vorher nie erreichte Brillanz der Anilinfarben nahm das Publicum ein, und der Consum stieg mit ausserordentlicher Schnelligkeit von einigen Pfunden zu fast unberechenbaren Quantitäten.

Mit den Fortschritten der Anilinindustrie Hand in Hand, steigert sich das Verlangen nach der Kenntniss des so neuen und interessanten Gebietes, der Erzeugung so brillanter Farben aus dem Steinkohlentheer.

Nicht Wenige haben es sich zur Aufgabe gemacht, diesem Verlangen Rechnung zu tragen, und durch Beschreibung der Fabrikationsverfahren wie durch theoretische Erörterungen die Geheimnisskrämerei, welche ja in früheren Jahren die Anilinindustrie so vielfach kennzeichnete, aus dem Felde zu schlagen. Jedoch geben alle bis dahin bekannten Werke, so vortrefflich auch einige derselben sind, kein klares Bild unserer Industrie. Wir finden nirgends die Hauptfabrikations-Methoden weitläufiger erörtert, nirgends auch nur eine Beschreibung der in der Neuzeit gebräuchlichen Apparate, ein Nachtheil, der diesen Werken oft einen Anstrich der Laienhaftigkeit verleiht und ihnen das Vertrauen des Technikers von vornherein raubt. Der Verfasser stellt sich im folgenden Werkchen die Aufgabe, diesem Mangel, soweit es in seinen Kräften, abzuhelfen. Er ist bestrebt, ein wahres und volles Bild der Industrie zu geben, wie sie jetzt ist, nicht wie sie war. Dennoch ist auch den Ansprüchen der Vergangenheit durch historische Erwähnung früherer Methoden Genüge geschehen; die Journalliteratur wird bis in die neueste Zeit hinein berücksichtigt. Ein Theil des Inhaltes, wie die Erörterung noch nicht allgemein bekannter Methoden und die Anführung der Ministerial-Bestimmungen zur Regelung des Betriebes der mit Arseniksäure arbeitenden Anilinfarbenfabriken werden auch dem Praktiker das Buch willkommen machen.

Berlin, im Januar 1866.

Der Verfasser.

Inhalt.

Einleitung.

Die theoretische Chemie im eigentlichen Sinne
unterscheidet sich von der Praxis der Wissenschaft nur dadurch, dass sie sich mit allen vorhandenen Körpern ohne
weiteren Unterschied, nur dem wissenschaftlichen Interesse
huldigend, beschäftigt, während die praktische Chemie nur auf
solche Körper ihr Augenmerk richtet, deren Behandlung einen
materiellen Nutzen mit sich führt. Es liegt auf der Hand,
dass sonach die praktische Chemie nur ein Theil der theoretischen sein sollte, da sie ja nur den materiellen Nutzen
bringenden in sich begreift. Wenn zufällig in der letzteren
Erfahrungen gemacht werden, die den augenblicklichen Standpunkt der allgemeinen Wissenschaft überschreiten, so hat nicht
etwa die Praxis als solche sich die Erringung derselben zu-
zuschreiben, sondern es ist die eingehende Beschäftigung
mit bestimmten Körpern, bedingt durch die mächtigste
Triebfeder des menschlichen Strebens, das materielle Interesse,
dem sie den Fund einer neuen Thatsache verdankt. Wie vorher die Praxis durch die Erkenntniss aller bis dahin bekannten
Thatsachen, gleichsam auf den Schultern der modernen Wissenschaft stehend, erst befähigt wurde zu neuen Beobachtungen,
so wäre sie auch verpflichtet, ihre Erfahrungen zum Gemeingut
zu machen; denn nur dadurch wäre es möglich, dass unter der
grösseren Anzahl von Fachmännern, die dann auf einer höheren
Sprosse der wissenschaftlichen Erkenntniss stehen, ein Einzelner, durch überragende Kenntniss oder Glücksgunst geleitet,
eine neue Stufe der grossen Leiter erklimmt. Auch er müsste
dann den gewonnenen Standpunkt zum Allgemeingute machen.
Geschähe dies, so würde es nur eine chemische Wissenschaft geben, bereichert sowohl durch die Erfahrungen des

bescheidenen Laboratoriums wie der Stätten hochragender Schornsteine und mächtiger Bleiconstructionen.

Der Vortheil des Einzelnen verbietet ihm jedoch, seine Erfahrungen auch Anderen nutzbar zu machen. Wie der luftige Gürtel des Schwimmers den Träger ohne sein Zuthun über dem Niveau des Wassers erhält, so erhält sich der Fabrikant, gestützt durch wenige neue Beobachtungen, mit Leichtigkeit auf dem Gipfel der Industrie, ungeachtet der mächtigen Anstrengungen seiner minder erfahrenen Genossen. Niemals aber ist er im Stande, der Wissenschaft ihr Eigenthum vorzuenthalten. Andere machen gleiche Erfahrungen und erheben sich damit auf denselben Standpunkt; oft auch findet das Neue durch ihn selbst oder durch seine Vertrauten weitere Verbreitung und wird zuletzt zum Gemeingut Aller. Es ist das Allgemeinwerden der neuen Kenntniss nur verzögert, nicht aber verhindert.

Unter solchen Umständen wird es immer Solche geben, die, den Stand einzelner Fabrikationen scharf im Auge behaltend, von den neuesten Erscheinungen in ihrem Fache unterrichtet sind und dieselben zu ihrem Vortheil ausnutzen. Sie üben nur, was Klugheitsregel und durch den Gebrauch geheiligt ist.

Viele rechnen sich dieses Folgen der Erfahrungen der neuen Zeit als besonderes persönliches Verdienst an, ohne sich zu sagen, dass sie nur vom Abglanz desjenigen Lichtes zehren, das den Entdecker der neuen Thatsache umstrahlt. Solche Leute, die wie die Planeten mit erborgtem Lichte prahlen, lieben es, sich vorzugsweise Praktiker zu nennen; ihr Hauptkennzeichen ist, dass sie alles frühere ohne Prüfung verachten, weil es ja schon Gemeingut geworden ist. Sie ahnen nicht, dass manches nach ihren Ansichten Veraltete noch einer grossen Zukunft fähig ist und staunen oft genug Allbekanntes in fremdartigen Gewande als Errungenschaft der neuesten Erfahrungen an.

Selbstverständlich kann nur von denjenigen die Rede sein, denen eine tiefere wissenschaftliche Bildung abgeht; sie suchen die Lücken ihres Wissens durch eine arrogante, auf den ersten Anschein überlegene Geringschätzung alles Dagewesenen zu verdecken, ohne zu bedenken, dass gerade dieses mehr reelle Grundlage, mehr Erkenntniss und Fleiss in sich schliesst, als der Flitterkram, auf den sie sich stützen. Die Theorie ist, wenn es erlaubt ist, einen vulgären Ausdruck anzuwenden, ihre Rumpelkammer. Da hinein werfen sie die höchst unbequeme Masse des früher Dagewesenen, dessen Kenntniss ihnen völlig abgeht. Ebenso findet Alles, was sich nicht in der ihnen eigenen, oberflächlichen Manier erklären lässt, in der grossen Rubrik des Theoretischen seinen Platz. Einrichtungen, welche ihrem Zwecke nicht entsprechen, weil sie zu complicirt oder, an anderem Orte recht passend, im vorliegenden Falle geradezu unsinnig sind, belegen sie gern mit dem Namen von theoretischen Einrichtungen. Sie bedenken nicht, dass ja die Theorie im eigentlichen Sinne, die Betrachtung also und Erwägung aller vorhandenen Verhältnisse, niemals zu unpraktischen Einrichtungen führen kann, dass es also nur die Unkenntniss oder, was vielleicht noch schlimmer ist, die halbe Erkenntniss des vorhandenen und geordneten Materials sein kann, welche unzweckmässige Handlungen begehen lässt. Halbgebildete Leute, die einen Wust bombastischer, gelehrt klingender Redensarten führen, denen Nichts gelingt und die zu Nichts zu gebrauchen sind, nicht, weil sie zu viel, sondern weil sie zu wenig von der Theorie verstehen, pflegt man mit besonderer Vorliebe Theoretiker zu nennen.

Es ist eine falsche Ansicht, wenn man meint, die theoretische Chemie umfasse nur die beim Arbeiten im Kleinen gemachten Erfahrungen. Nur weil man mit leichterer Mühe im Kleinen Erfahrungen sammelt, arbeitet man vorzugsweise mit geringen Mengen; denn es ist ja in vielen Fällen gleichgültig, ob die Veränderungen der Materie im Platintiegel oder im Flammofen vor sich gehen. In anderen Fälle ist dies nicht gleichgültig; hier wäre es unsinnig, vom Tiegel dasselbe Resultat zu erwarten, das uns der Flammofen gab. Bei vernünftiger Erwägung aller obwaltenden Verhältnisse werden wir den Unterschied bald genug einsehen; gelingt uns dies für jetzt nicht, so ist ein Mangel unserer Erkenntniss daran schuld — wir leiden nie am Zuviel, sondern immer nur am Zuwenig unserer Erkenntniss, deren geordnete Masse wir Theorie nennen.

Die praktische Chemie, die Fabrikation, ist der rein wissenschaftlichen immer voraus. Sie muss es sein, da ja so viele Kräfte sich so oft an einem Punkte zu gemeinsamer Thätigkeit vereinigen. Die rein wissenschaftliche Chemie hat die Aufgabe, die hier gemachten Fortschritte zu verfolgen und das Gefundene dem schon Vorhandenen beizuordnen. Mit anderen Worten, die praktische Chemie sammelt die empirisch gefundenen Thatsachen, während die Theorie dieser Wissenschaft sich bemüht, das Neue mit dem Alten zu einem geordneten Ganzen zu verbinden.

Die Praxis kann nur mit voller Berücksichtigung der Theorie, diese nur mit der vollen Anerkennung der Praxis sicher fortschreiten.

Im Folgenden habe ich mich bemüht, ein richtiges Verhältniss zwischen Praxis und Theorie aufrecht zu erhalten. Die erstere gleichsam als den Pionier der gesammten Wissenschaft betrachtend, lasse ich dem rein Empirischen, den aus der Erfahrung entsprungenen Fabrikationsmethoden, den Vorrang und reihe an diese erst theoretische Betrachtungen. Wo indessen die Theorie der Praxis zuerst den Weg bahnte, ist auch jener ihr volles Vorrecht geworden. Vor allen Dingen sind die Betrachtungen in dieser Hinsicht auf das Wichtigste und für die Praxis wirklich Brauchbare beschränkt. Was den Gang unserer Erörterungen anlangt, so ist derselbe genau der Weg der Fabrikation. Die Theerdestillation ist nur kurz behandelt, weil sie, von der Anilinindustrie fast vollständig getrennt, der Fabrikation der sogenannten Theeröle angehört. Erst mit der Bereitung des Nitrobenzols treten wir in das eigentliche Gebiet der Anilinfabrikation ein. Diesem Kapitel folgt die Darstellung des Anilinöls nach allen bis je zt bekannten Methoden. Hieran schliesst sich die Fabrikation des Fuchsins, welches Kapitel zugleich bereichert ist durch die gedrängte Wiedergabe der für Preussen gültigen Bestimmungen über die Unschädlichmachung der arsenikhaltigen Fabrikationsrückstände. Dem Fuchsin folgt Violett und Blau, welche in einem Kapitel abgehandelt sind. Es ist bei der Beschreibung der Fabrikation auf alle diejenigen Nüancen Rücksicht genommen, welche im Handel zur Zeit gangbar sind. Endlich folgen Anilingrün und daran sich anschliessend Anilinschwarz, sowie eine Besprechung des braunen und gelben Anilinpigmentes.

In diesem Zirkel glaube ich alles vorgeführt zu haben, was in der heutigen Anilinindustrie von Wichtigkeit ist; es ist möglich, alle angeführten Prozesse nach der vorhandenen Beschreibung durchzuführen, zum grössten Theile sind die mitgetheilten Verfahren sogar rentabel. Auf der anderen Seite sind spezielle Fabrikationsgeheimnisse auf das Entschiedenste gewahrt. Ihre Mittheilung würde ein Unrecht gegen die Industrie sein, ohne dass dem Leser ein besonderer Vortheil erwüchse. Historische Mittheilungen sind den speziellen Betrachtungen der einzelnen Körper angereiht, sowie die Errungenschaften der neuesten Zeit gewissenhaft berücksichtigt.

Benzol.

—

Der Körper, welcher uns zunächst in Anspruch nimmt, insofern er als die eigentliche Basis der ganzen Anilinfabrikation zu betrachten ist, ist das **Benzol** oder **Benzin.**

In reinem Zustande erhält man diesen Körper, wenn man B e n z o ë s ä u r e mit ihrem dreifachen Gewichte K a l k - h y d r a t destillirt; es entsteht aus der Säure in der Hitze B e n z o l (ursprünglich Oel der Benzoësäure) und kohlensaurer Kalk. Man kann sich den Vorgang leicht veranschaulichen durch folgende Formel:

$$C^{14} H^5 O^3 . HO + 2 CaO = 2 CaO . CO^2 + C^{12} H^6$$

| Benzoësäure | Kalk | Kohlensau-
rer Kalk | Benzol. |

Man erhält hierbei das Benzol ganz rein und frei von jeder Beimischung als eine wasserhelle, sehr bewegliche Flüssigkeit von 0,85 spezifischem Gewichte, die das Licht sehr stark bricht. Das Benzol siedet bei 85^0 C.; seine Dampfdichte ist 2,38. Bei einer Abkühlung auf 0^0 erstarrt es krystallinisch und schmilzt erst bei 7^0 wieder. In Wasser unlöslich, mischt es sich in jedem Verhältnisse mit Alkohol und Aether.

Was seine c h e m i s c h e C o n s t i t u t i o n anlangt, so betrachtet man das Benzol jetzt fast allgemein als eine Verbindung des organischen Radikals P h e u y l mit einem Atom Wasserstoff, so dass wir seine Formel ausdrücken müssten als: $\qquad C^{12} H^5 + H.$

Es würde der P h e u y l w a s s e r s t o f f demnach ganz so zusammengesetzt sein, wie man sich die Constitution des Chlorwasserstoffes oder Schwefelwasserstoffes denkt.

In grossen Mengen findet sich dieser Körper in den bei der trockenen Destillation der Steinkohlen gewonnenen Destillationsprodukten.

Destillirt man Steinkohlen, so entstehen im Allgemeinen dreierlei Produkte. Man erhält in erster Reihe Gas, und es ist hauptsächlich dieser Körper, dessentwegen die Steinkohlen gewöhnlich destillirt werden. Es besteht aus leichten und schweren Kohlenwasserstoffen, hauptsächlich Gruben- und ölbildendem Gase, aus Kohlensäure, Kohlenoxydgas, Wasserstoffgas und zufälliger Beimengungen wie Stickstoff u. s. w. Bei der Gasbereitung scheidet sich nun in den Vorlagen eine Flüssigkeit aus, die bei näherer Betrachtung wieder in zwei wesentlich verschiedene Produkte zerfällt. Diese Produkte sind der Steinkohlentheer und das ammoniakalische Wasser. Das letztere kann mit Leichtigkeit von dem Theere befreit werden und kommt alsdann in besonderen Fabriken zur Verarbeitung; man gewinnt aus dem Wasser durch Destillation mit Kalk das theils als freies, theils in Verbindung mit Schwefel, Rhodan u. s. w. darin enthaltene Ammoniak.

Der Theer endlich enthält denjenigen Stoff, um dessentwillen wir uns näher mit ihm beschäftigen müssen, das Benzol.

Der Theer stellt eine schwarze, halbflüssige, klebrige Masse von auffallend bituminösem Geruche dar. Er ist ein Gemenge einer grossen Anzahl organischer Körper, welche alle direkt oder indirekt durch die Zersetzung der Steinkohlen in den Gasretorten entstehen. Man kann die flüchtigen von den nichtflüchtigen leicht durch Destillation trennen.

Nimmt man diese Operation in einer Retorte über freiem Feuer vor, so erhält man als Destillationsprodukt zuerst Benzol und andere dem Benzol sehr ähnliche Flüssigkeiten, wie Toluol, Cumol, Cymol etc., die der sogenannten Benzolreihe angehören.

Alsdann geht ein Körper über, welcher dem Kreosot im höchsten Grade ähnlich ist, sich aber von diesem wesentlich dadurch unterscheidet, dass er im reinen Zustande fest und krystallinisch ist, während das Kreosot eine Flüssigkeit darstellt. Man nennt diesen Körper wohl krystallisirtes Kreosot; er führt aber in der Wissenschaft die Namen Phenylsäure, Phensäure und Carbolsäure. Er ist ein Derivat des nämlichen Radikals wie das Benzol; er ist **Phenyloxydhydrat**,

$$(\underbrace{C^{12}\,H^5})\,.\,O + HO$$
$$\text{Phenyl}$$

und hat seine Eigenschaften.

Ist auch **dieser** Körper aus dem Steinkohlentheere durch stärkere Erhitzung entfernt, so tritt ein fester, krystallinischer Stoff auf, welcher im reinen Zustande grosse, krystallinische Blätter darstellt und einen eigenthümlichen, auffallend bituminösen Geruch hat. Es ist dies das **Naphtalin**, ein Kohlenwasserstoff von der Formel:

$$C^{20}\,H^8.$$

Nach dem Verschwinden des Naphtalins geht bei noch grösserer Steigerung der Temperatur ein Gemenge von vielen flüssigen Kohlenwasserstoffen über, die noch nicht genugsam untersucht sind und im Handel vielfach unter dem Namen **Photogen** und **Solaröl** vorkommen.

Was jetzt noch in der Retorte enthalten, ist ein schwarzer, in der Kälte vollkommen fester Körper, der sich jedoch durch erhöhte Temperatur wieder verflüssigen lässt, der **Asphalt**.

Man nennt die zuerst übergegangenen Benzole **leichte Kohlenwasserstoffe**, im Gegensatze zu den **schweren Kohlenwasserstoffen**, denen man Photogen und Solaröl zuzählt.

Die Darstellung dieser beiden Klassen von Körpern ist gewöhnlich getrennt.

Die **leichten Kohlenwasserstoffe** werden meist von Fabriken dargestellt, denen der als Destillationsrückstand zurückbleibende **Asphalt** Hauptsache ist. Es sind dies die **Dachpappenfabriken**.

Diese destilliren nur die Benzole ab und verwenden den nun noch mehr oder weniger klebrigen Asphalt zu ihren Fabrikaten.

Die Destillation geschieht über freiem Feuer. Man verwendet dazu grosse schmiedeeiserne Kessel von der Form der gewöhnlichen Dampfkessel, die aber eine Kapelle tragen, von welcher das Kühlrohr seitlich abgeht. In dem oberen Theile der Kapelle ist ein Thermometer angebracht. Bei einer Temperatur von 80° C. beginnt die Destillation. Man fängt diejenigen Produkte besonders auf, welche bis 100° C. sieden, wechselt bei Ueberschreitung dieser Temperatur die Vorlage und destillirt bis 150° C., welche Produkte man wieder besonders auffängt.

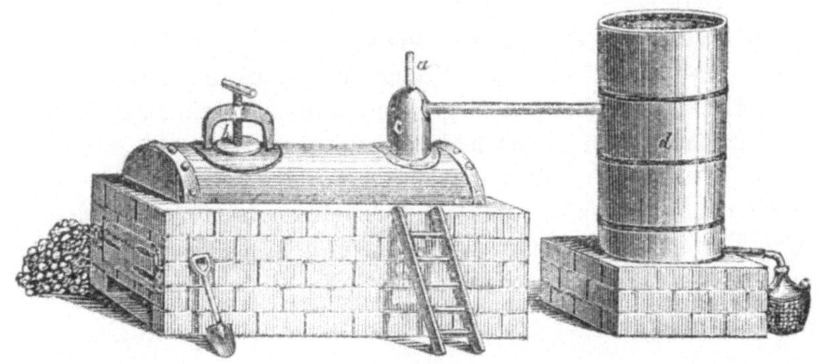

a Thermometer; b Mannloch mit Verschluss; c Kapelle; d Kühlfass mit Kühlschlange.

Höher als zu dieser Temperatur treibt man für die Darstellung von Benzolen die Hitze nicht, weil sonst der Asphalt für Dachpappenbereitung zu spröde wird.

Man bewahrt die Benzole besonders auf, welche von 80—100° und diejenigen, welche von 100—150° sieden. Die Ersteren sind die leichteren, die Letzteren dagegen die schweren Benzole. Man macht aus diesen getrennten Produkten wiederum leichte und schwere Nitrobenzole und aus diesen wieder im Verlaufe der Operation leichte und schwere Aniline.

Im Wesentlichen bestehen die so gewonnenen Benzole aus Benzol und Toluol, während Cumol und Cymol in nur geringer Quantität darin enthalten sind.

Um einen allgemeinen Begriff von dem Gehalt verschiedener Theere an den angeführten Stoffen zu geben, führen wir folgende Uebersicht von Steinkohlentheeren verschiedener Kohlensorten nach Crace-Calvert an. [1])

---

1) Bulletin de la soc. ind. de Mulhouse Avril 1865, P. Schützenberger: l'histoire de couleurs d'Aniline; Comptes rendus de l'Acad. 16 Août 1859. p. 253.

Theer der

	Benzole.	Carbolsäure.	Neutrale Kohlen-wasserstoffe.	Paraffin.	Naphtalin.	Trockner Theer.
Bogheadkohle	12	3	30	41	0	14
Cannelkohle	9	14	40	0	15	22
New-Castlekohle	2	5	12	0	58	23
Staffordshire	5	9	35	0	22	29

In neuerer Zeit hat man vielfach angefangen, das Benzol mit Wasserdampf von dem Steinkohlentheere abzublasen. Es hat dieses Verfahren den grossen Vortheil minderer Feuergefährlichkeit und hat sich deswegen auch schon in den meisten grösseren Fabriken eingebürgert. Jedoch darf man sich auch nicht verhehlen, dass die Scheidung der verschiedenen Destillationsprodukte mit Wasserdampf grössere Schwierigkeiten bietet, als es bei der oben erwähnten Art der Gewinnung der Fall ist.

Nitrobenzol.

Bringt man Benzol mit rauchender Salpetersäure zusammen, so bildet sich unter lebhafter Wärmeentwickelung eine gelbe Flüssigkeit, die einen starken bittermandelähnlichen Geruch hat. Dieser Körper ist das Nitrobenzol. Im Grossen wurde dasselbe schon vor seiner Verwendung für die Anilindarstellung häufig fabricirt als Surrogat des Bittermandelöls in der Parfümerie. Als solches kommt es unter dem Namen Mirbanöl in den Handel.

Es ist natürlich, dass den leichter und schwerer siedenden Benzolen auch höher und niedriger siedende Nitrobenzole entsprechen, und so kennt man Nitrobenzole, welche zwischen $205-235^0$ destilliren, während das reine Nitrobenzol einen Siedepunkt von 213^0 hat. Wesentlich unterschieden sind die Nitrobenzole, welche zwischen $205-210^0$, $210-220^0$ und $220-235^0$ destilliren.

Auffallend ist, dass das am niedrigsten siedende Nitrobenzol schon bei 205^0 kochte, während dies bei dem reinen Nitrobenzol erst bei 213^0 der Fall ist. Man muss sich aber erinnern, dass wir es bei den im Grossen dargestellten Nitrobenzolen wie bei den Benzolen nicht mit homogenen Körpern, sondern mit Gemengen zu thun haben. Da das angewendete Benzol, wie oben besprochen, wesentlich aus Benzol und Toluol besteht, so wird das daraus bereitete Nitrobenzol im Wesentlichen aus Nitrobenzol und Nitrotoluol bestehen. Das Erstere siedet bei 213^0, während das Letztere erst bei 225^0 seinen Kochpunkt hat.

Hat man diese Nitrobenzole vorsichtig einzeln aufgefangen, so wird man finden, dass die erste Sorte einen eigenthümlichen bittermandelartigen Geruch hat, der aber nicht unangenehm ist. Dagegen wird sich ergeben, dass die zweite Sorte und in noch höherem Maasse die letzte ein nicht mehr bittermandelölartiges, sondern unangenehm kratzendes, an den Geruch der Wanzen erinnerndes Aroma hat. Aus diesem Grunde kann man die zuletzt aufgefangenen Sorten des Nitrobenzols nicht als Mirbanöl verwenden, sondern muss dazu die am leichtesten siedende nehmen, die man gewöhnlich nochmals destillirt und das zuerst übergehende als Prima-Mirbanöl verwendet.

Was die Darstellung des Nitrobenzols im Grossen anlangt, so verfuhr man vor Einführung der Anilinfarben, also zur Verwendung als Mirbanöl so, dass man in ein gläsernes, schlangenförmig gewundenes und von Wasser umgebenes Kühlrohr einerseits einen dünnen Strahl von starker Salpetersäure oder Salpetersäure und Schwefelsäure, andrerseits dagegen einen eben solchen Strahl von Benzol einfliessen liess. In der Röhre ging die Einwirkung der Salpetersäure auf das Benzol von statten, während die Wärme durch das umgebende Wasser aufgenommen wurde. Am Ende des Schlangenrohres angelangt, fiel dann das Gemisch von Säure, Nitrobenzol und anhängendem Benzol in ein Gefäss mit kaltem Wasser, aus welchem das Nitrobenzol abgeschieden und zur Entfernung des Benzols noch vorsichtig mit Wasserdampf übergeblasen wurde.

Es ist einleuchtend, dass für einen massigeren Betrieb, wie er für den Zweck der Anilinölbereitung stattfindet, ein solches Verfahren nicht ausreicht, und man hat sich deshalb für solche Zwecke nach anderen Apparaten umsehen müssen. Natürlich hat man zuerst thönerne Gefässe in Anwendung gebracht. Das Gemisch von Benzol und Salpetersäure kam in eine zur Vorsicht gekühlte Bombonne, aus welcher ein weites gläsernes Rohr die gebildete salpetrige Säure abführte. Das Glasrohr ging zunächst in aufwärts gerichteter Windung durch ein Fass mit kaltem Wasser, in dem alle mitgerissenen Dämpfe der Salpetersäure und des Benzols niedergeschlagen und so der Bombonne wieder zugeführt wurden. Aus dem Kühlfasse kommend, mündet das Glasrohr in eine kleine Kette von Bombonnes, die mit Wasser oder einer anderen, die salpetrige Säure absorbirenden Flüssigkeit gefüllt waren.

Eine grosse Schwierigkeit bietet hier das richtige Eintragen des Benzols und der Säure. Würde man so verfahren, dass in die ganze Menge der Säure die entsprechende Menge des Benzols eingeführt würde, so setzte man sich unfehlbar

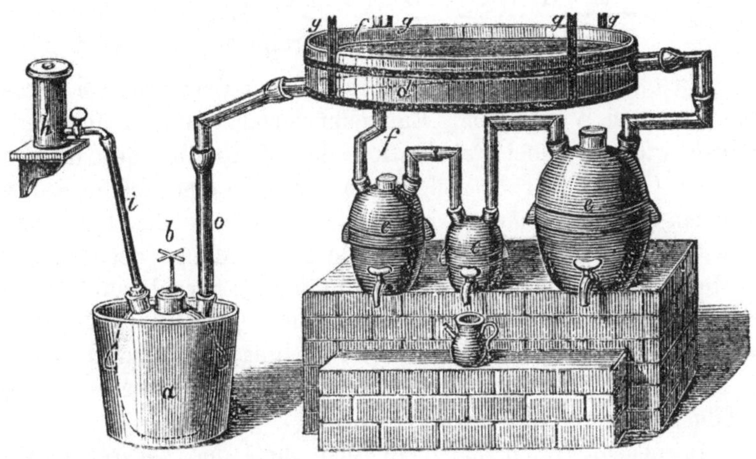

a Mischgefäss für Benzol und Säure; *b* Rührer; *c* Abzugsrohr für die Dämpfe; *d* Kühlfass; *e* Bombonnes; *f* Abzugsrohr für die salpetrige Säure; *g* eiserne Träger für das Kühlfass; *h* Behälter für die Säure; *i* Zuflussrohr der Säure.

einer mit Feuer-Ausbruch verbundenen Explosion aus, da die bei Vereinigung beider Körper entstehende Wärme die Einwirkung nur rapider macht, und eine Entzündung des Benzols unter gleichzeitiger Sprengung des Apparates durch die sich mit furchtbarer Macht entwickelnde salpetrige Säure die sichere Folge wäre. [1])

Brächte man andererseits das Benzol portionenweise in die ganze Menge des Säuregemisches, so fände das Benzol eine zu grosse Menge Salpetersäure auf einmal vor uud würde sicher unter Feuererscheinung zerstört werden. Man verwendet bei dieser Operation stets ein Gemisch von Salpeter- und Schwefelsäure, da die reine rauchende Salpetersäure zu theuer

---

1) Ein unvorsichtiger Anilin-Fabrikant, der zwar passende Apparate sich zu verschaffen gewusst, dem aber jede Kenntniss und Erfahrung in dieser Branche entschieden abgesprochen werden muss, goss in ein Gemenge von starker Salpeter- und Schwefelsäure die dazu gehörige Quantität Benzol. Die Folge war, dass das Thongefäss schon durch die immense Hitze sprang, der Inhalt desselben sich brennend ergoss und fast die ganze Fabrik ein Raub der Flammen wurde.

ist, sich aber auch sehr bald bei der Operation selbst durch
Wasseraufnahme schwächen und so unwirksam werden würde.
Es ist nämlich

$$C^{12} H^5 H + NO^4 O = C^{12} H^5 NO^4 + HO$$

Benzol   Salpeters.   Nitrobenzol   Wasser.

Es bleiben demnach für ein rationelles Verfahren im Grossen nur zwei Wege offen. Entweder verfährt man in ähnlicher
Weise wie oben bei Fabrikation des Mirbanöles beschrieben
und lässt beide Körper sich schon vorher in einer engen Röhre
mischen und das Gemenge in dünnem Strahle in die Bombonne
fliessen, oder aber man bringt die ganze Menge des Benzols
in denselben und lässt die Säure in dünnem Strahle auffliessen,
während man mit einem gläsernen Rührer fortwährend rührt.
Will man schnell arbeiten, so ist es gut, während des Ein-
flusses der Säure das Gefäss mit kaltem Wasser zu umgeben.

In neuester Zeit hat man sich auch der zerbrechlichen
Thongefässe und Glasröhren entledigt und dem Nitrobenzol-
Apparate folgende Form gegeben. Ein geräumiges, gusseiser-
nes, cylinderförmiges Gefäss, auf allen Seiten geschlossen, ist
mit dem Benzole angefüllt, während durch ein im oberen
Deckel eintretendes Rohr die Säure einfliesst. Der Einfluss
derselben kann mittelst eines Hahnes regulirt werden. Andererseits geht aus dem Deckel ein weites Thonrohr heraus,
das, zuerst durch kaltes Wasser geführt, in eine Reihe Bombonnes mündet, die die übrige salpetrige Säure aufnehmen.
Ausserdem wird ein gusseiserner Rührer mit Hülfe eines Ge-
triebes in der Flüssigkeit in steter Bewegung erhalten. Man
muss sich hüten, Schmiedeeisen hier anzuwenden, da dieses sehr
heftig von der Säure zerfressen wird, während Gusseisen sich
ganz gut hält. [1])

Es giebt viele Fabrikanten, welche meinen, dass, nachdem
die Flüssigkeiten unter fortwährendem Rühren gemischt sind,
die Operation beendigt sei. Diese werden in dem gewonnenen

---

1) Ich habe die Erfahrung gemacht, dass ein schmiedeeiserner
Rührer bei einem solchen Apparate in wenigen Tagen zerfressen war,
während ein dafür eingesetzter gusseiserner bei seiner Herausnahme
nach drei Monaten eine nur unwesentliche Corrosion zeigte.

Präparate eine unverhältnissmässige Menge von Benzol und
unbenutzter Salpetersäure finden, weil den letzten Antheilen
dieser Körper durch zufällige oder absichtliche Abkühlung nach
aussen hin die zur Einwirkung erforderliche Wärme entzogen
wird. Um dies zu vermeiden, muss man, nachdem der Einfluss

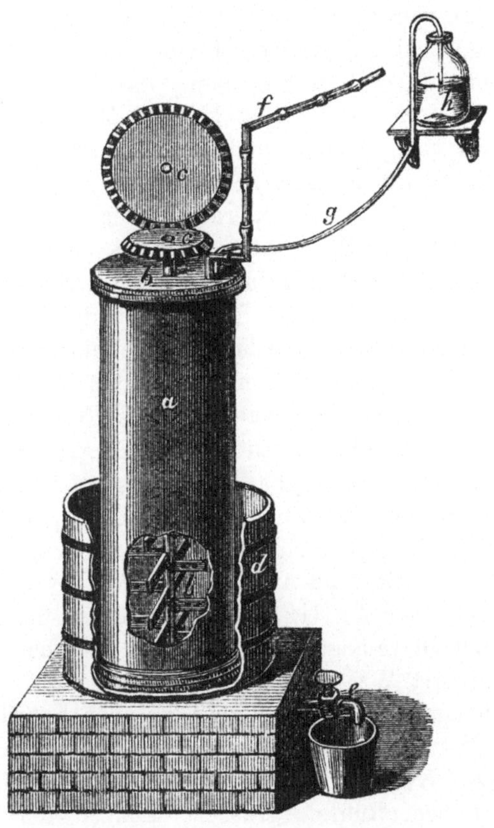

a Mischgefäss für Benzol und Säure; *b* Rührer; *c* Konische Räder, welche den Rührer be-
wegen; *d* Fass, dass das Mischgefäss umgiebt; *e* Hahn aus Steinzeug; *f* Abzugsrohr für die
salpetrige Säure; *g* Zuleitungsrohr für die Säure; *h* Säurebehälter.

von Salpetersäure vorüber ist, das Mischungsgefäss einige
Zeit mit kochendem Wasser umgeben, während das Rühren
fortgesetzt wird.

Was endlich die für die Fabrikation angewendeten Verhältnisse anlangt, so hat sich bis jetzt in der Praxis folgendes
Verhältniss am besten bewährt. Auf 12 Theile Benzol wendet

man eine Mischung an von 13 Theilen rauchender Salpetersäure und 8 Theilen Schwefelsäure. Man erhält dann bei gut geleiteter Fabrikation circa 130 Theile Nitrobenzol aus 100 Theilen Benzol, während man nach der Theorie 175 Theile erhalten müsste.

Nachdem eine Zeit lang nach Erwärmung mit heissem Wasser gerührt worden ist, nimmt man mittelst des unten am Apparate angebrachten Hahnes Probe und lässt, falls die Operation gut von statten gegangen, das Produkt ab. Dasselbe wird mit einer möglichst kleinen Menge Wasser und schliesslich mit einer Lösung von kohlensaurem Natron gewaschen, um alle Säure zu entfernen.

Je nach der Leitung der Operation erhält man gelb oder dunkelroth gefärbte Produkte. Zuweilen bekommt man beträchtliche Quantitäten einer gelbfärbenden Substanz (wahrscheinlich Nitronaphtalin) mit in das Nitrobenzol. Es liegt das gewöhnlich an einer schlechten Benzolfabrikation, bei der man auf eine Trennung der übergehenden Produkte keine Rücksicht nahm. Ich selbst habe solches Rohnitrobenzol gesehen, das, obgleich vollkommen frei von Säure, doch so stark mit dem gelbfärbenden Agens geschwängert war, dass ein hineingetauchter Finger sofort intensiv gelb gefärbt wurde. Ein solches Nitrobenzol verliert beim Waschen mit Aetzlauge gewöhnlich sehr bedeutend an spezifischem Gewicht.

Für Zwecke der Anilinfabrikation ist das so dargestellte Nitrobenzol rein genug; man kann es aber für andere Zwecke leicht mit Wasserdampf überblasen.

Ein nicht unwesentlicher Punkt bei der Fabrikation des Nitrobenzols ist die Vermeidung des Entstehens von Binitrobenzol. Dieser Körper entsteht leicht, wenn bei nicht gleichmässig gehaltenem Rühren grössere Mengen der Säure mit verhältnissmässig geringen von Benzol zusammenkommen, während zugleich keine zweckmässige Kühlung vorhanden ist. Man bekommt durch Darstellung von Binitrobenzol allerdings eine grössere Ausbeute, weil mehr Untersalpetersäure in das Produkt eingeführt wird, und natürlich auch mehr Ausbeute an Anilinöl, da bei der Reduction dementsprechend Nitranilin gebildet wird; denn es ist

$$C^{12} H^5 (2 NO^4) + 5 H = C^{12} (H^6 NO^4) N + 4 HO.$$

Es ist eine solche Beimengung von Nitranilin jedoch jedenfalls als Verfälschung zu bezeichnen, da es nicht einmal gewiss ist, ob das Nitranilin überhaupt für Farbenfabrikation brauchbar ist. Jedenfalls wird es auf die Ausbeute an Farben von störendem Einflusse sein, und die Farbenfabriken werden daher ein so verfälschtes Anilinöl dem unverfälschten nachstellen.

Anilin.

———

Das Anilin findet sich fertig gebildet im Steinkohlentheer vor. Schon Runge gab als alkalische Bestandtheile des Steinkohlentheers, ausser Ammoniak, Pyrrhol, Anilin (von ihm Cyanol genannt) und Leukolin an. Durch die Bemühungen Anderson's und Anders' ist in demselben noch Picolin, Naphtalin und Paranaphtalin aufgefunden worden.

Das Anilin im Theer ist wahrscheinlich das Produkt der Einwirkung von Phenylsäure auf Ammoniak. In erster Reihe geben diese beiden Körper phenylsaures Ammoniak, das sich aber bei hoher Temperatur und Druck in Anilin umsetzt. [1]

$$\underbrace{NH^4\,O}_{\text{Ammonium-}\atop\text{oxyd}}\;.\;\underbrace{C^{12}\,H^5\,O}_{\text{Phenylsäure}} = \underbrace{C^{12}\,H^7\,N}_{\text{Anilin}} + \underbrace{2\,HO.}_{\text{Wasser.}}$$

Wenn man die durch Destillation des Steinkohlentheers gewonnenen schweren Theeröle mit Salzsäure schüttelt, so erhält man alles Anilin als chlorwasserstoffsaures Salz in Lösung, aus dem man durch Abdampfen trocknes Salz, und aus diesem durch Destillation mit Kalilauge oder Kalkmilch Anilin gewinnen kann. Jedoch findet sich im Steinkohlentheer eine viel zu geringe Quantität Anilinöl vor, um eine technische Verwerthung zu ermöglichen.

Man musste deshalb auf Methoden sinnen, das Anilin künstlich darzustellen. Der Bildung des im Steinkohlentheere enthaltenen Anilins analog kann man das phenylsaure Am-

———

1) Laurent, Comptes rend. 17, 1366; Journ. f. prakt. Chemie 32, 286.

moniak in eisernen Kesseln einer erhöhten Temperatur aussetzen und erhält, wie oben beschrieben, dabei Anilin. Diese gewiss seiner Zeit einmal technisch sehr wichtige Darstellung ist eine Entdeckung von Hofmann und Laurent. Es ist jedoch noch nicht gelungen, dieselbe in die Technik einzuführen. [1])

Dieses Verhalten gab den beiden Entdeckern den Grund dazu, das Anilin als ein Amid des Phenyls anzusehen,

$$C^{12} H^7 N = C^{12} H^5 + NH^2,$$

und ihm den Namen Phenylamid beizulegen. Diese Ansicht über die Constitution des Anilins ist auch gewiss die am meisten naturgemässe. Man kann danach das Anilin als ein Ammoniak ansehen, in dem 1 Atom Wasserstoff durch Phenyl ersetzt ist, und seine Formel schreiben:

$$N \begin{cases} C^{12} H^5 \\ H \\ H. \end{cases}$$

Die Salze würden dann das Ammoniak unter Aufnahme von 1 Atom Wasser in Ammonium umwandeln; wir würden das schwefelsaure Salz also schreiben:

$$N \begin{cases} C^{12} H^5 \\ H \\ H \\ H \end{cases} O . SO^3 = C^{12} H^7 N . HO . SO^3.$$

Lange bevor Runge das Anilin im Steinkohlentheer nachgewiesen hat, stellte es Unverdorben, überhaupt der erste Entdecker dieser für die jetzige Industrie so wichtig gewordenen Base, im Jahre 1826 durch trockene Destillation des Indigo's dar. Man trägt für die Darstellung auf diesem Wege den Indigo in eiserne Retorten ein, in denen man denselben einer hohen Temperatur aussetzt, bei der eine ölige Flüssigkeit übergeht, während man im Rückstande eine blasige Kohle erhält.

Durch Schütteln des erhaltenen Oeles mit Salzsäure kann man das dabei mitübergegangene Anilin ausziehen und nachher durch Destillation mit Kalk rein erhalten.

Im Jahre 1840 zeigte Fritzche,[2]) dass man das Anilin

---

1) A. W. Hoffmann: Reports by the juries. London 1863.
2) Erdmann, Journ. f. pr. Chemie. Bd. 20. p. 453. Liebig, Annalen d. Chemie u. Pharm. Bd. 36. p. 84.

noch in einer andern Weise aus dem Indigo erhalten kann. Er trug zu diesem Zwecke Indigo in eine kochende Kalilösung ein, in welcher sich derselbe mit brauner Farbe löst, indem sich anthranilsaures Kali bildet nach der Formel:

$$\underbrace{C^{16} H^5 NO^2}_{\text{Indigo }1)} + 3\,KO\,.\,HO + 40 = KO\,.\,C^{14}\,H^7\,NO^4 + 2\,KO\,CO^2 + HO.$$

Der dabei erforderliche Sauerstoff wird aus der atmosphärischen Luft aufgenommen. Er verdampfte nun diese Lösung zur Trockne, worauf er sie in eisernen Retorten einer hohen Temperatur aussetzte. Beim Erhitzen zersetzt sich die Anthranilsäure, indem sie in Anilin und Kohlensäure zerfällt nach der Formel:

$$C^{14}\,H^7\,NO^4 = C^{12}\,H^7\,N + 2\,CO^2.$$

Fritzche erhält deshalb bei der Destillation neben einem braunen harzigen Rückstande übergehendes farbloses Anilin. Er bekam etwa 20 pCt. des angewendeten Indigos an Anilin.

Hofmann und Muspratt glaubten (1846 [2]) auch mit dem der Anthranilsäure isomeren von Cahours entdeckten Salicylamid, $C^{14}\,H^5\,O^4 + NH^2$, ähnliche Wirkungen zu erhalten. Sie leiteten die Dämpfe dieses Körpers über glühenden Kalk und bekamen auch ein öliges Produkt, das die charakteristische Reaction des Anilins mit Chlorkalk gab, jedoch fand sich nachher, dass dasselbe zum grössten Theile aus Carbolsäure bestand.

Auch aus Indigo, jedoch in wesentlich anderer Weise kann man Anilin darstellen.

Durch Oxydationsmittel, besonders Salpeter- oder Chromsäure wird der Indigo unter Aufnahme von 2 Atomen Sauerstoff in Isatin $C^{16}\,H^5\,NO^4$ verwandelt. [3] Es stellt dieser Körper krystallisirt orangerothe bis rothbraune Prismen dar, die in kochender Kalilauge sich mit gelber Farbe lösen, indem sich Isatinsäure ($C^{16}\,H^6\,NO^5$) bildet, die mit dem Kali isaisatinsaures Kali giebt. Bei einer gewissen Concentration der Kalilauge jedoch wird die Isatinsäure zersetzt und es

---

1) Nach den Angaben von Walter Crum, Dumas, Erdmann und Laurent.
2) Annal. d. Chemie u. Pharm. 53, 224.
3) Laurent, Journ. f. pr. Chem. 24, 2; Erdmann ebenda 24, 11.

destillirt Anilin über, indem zu gleicher Zeit Wasserstoff
entweicht. Der Vorgang erhellt aus der Formel:

$$C^{16} H^6 NO^5 + 4 KO . HO = C^{12} H^7 N + 4 KO . CO^2 + HO + 2 H.$$

Selbstverständlich sind aber alle diese Darstellungen im
Grossen wegen des Kostenpunktes nicht ausführbar, weil In-
digo ein viel zu theurer Artikel ist, um in dieser Weise als
Rohmaterial verwendet zu werden.

Wirklich anwendbar im Grossen ist bis jetzt nur
die Darstellung des Anilins aus dem Nitrobenzol mit Hülfe
der Reduction.

Wie oben erwähnt, ist die Formel des Nitrobenzols
$C^{12} H^5 NO^4$, während wir das Anilin als $C^{12} H^7 N$ bezeichnen.
Es unterscheidet sich also (nach der Theorie) das Anilin vom
Nitrobenzol nur durch einen Mehrgehalt von 2 Atomen Wasserstoff und einen Mindergehalt von 4 Atomen Sauerstoff. Daher
leuchtet es ein, dass, wenn wir dem Nitrobenzol 6 Atome
Wasserstoff in der Weise zuführen könnten, dass 2 Atome
desselben in die Constitution des Körpers eintreten, während
4 dazu dienen, mit dem Sauerstoff des Nitrobenzols Wasser
zu bilden, wir Anilin erhalten würden. Der Vorgang wird
ausgedrückt durch die Formel:

$$C^{12} H^5 NO^4 + 6 H = C^{12} H^7 N + 4 HO.$$

Zinin verwandte schon im Jahre 1842[1]) als Reductionsmittel das Schwefelammonium. In eine mit Ammoniak
versetzte Lösung von Nitrobenzol in Alkohol leitet er Schwefel-
wasserstoff bis zur Sättigung des Ammoniaks — man könnte
vielleicht einfacher Schwefelammonium zur Lösung setzen —
und lässt einige Tage stehen. Es scheidet sich Schwefel in
feinen Krystallen aus, von denen man decantirt und den Alkohol
nach und nach abdestillirt, während sich fortwährend Schwefel
ausscheidet, bis der Inhalt der Retorte eine ölige Substanz —
das von ihm so genannte Benzidam — fallen lässt. Fritzsche wies später nach, dass das Benzidam Zinin's mit dem
Anilin identisch sei.

Im Jahre 1854 fand Bechamp,[2]) dass man auch Eisen-

1) Liebig, Annal. d. Chemie u. Pharm. Bd. 44. p. 286. Erdmann,
Journ. f. prakt. Chemie. Bd. 27. p. 148.
2) Erdmann, Journ. f. prakt. Chemie. Bd. 62. p. 469.

oxydulsalze schwacher Säuren, hauptsächlich das essigsaure Eisenoxydul, als Reductionsmittel benutzen kann,
indem dieselben durch Oxydation bei Ueberschuss von Säure
in Oxydsalze sich verwandeln, das vorhandene Wasser zersetzen
und Wasserstoff freimachen, der dazu dient, die zur Anilinbildung fehlenden 2 Atome Wasserstoff dem Nitrobenzol zuzuführen. Den Vorgang drückt er aus durch die Formel:

$$12\,Fe\,O + C^{12}\,H^5\,NO^4 + 2\,HO = 6\,Fe^2\,O^3 + C^{12}\,H^7\,N.$$

Béchamp verfuhr jedoch nicht in der Weise, dass er das
wirkliche essigsaure Eisenoxydul anwendete, sondern richtete
die Operation so ein, dass er auf Eisenfeile Essigsäure
wirken liess, während das Nitrobenzol schon zugegen war.
Dabei tritt aber jedenfalls auch eine Wirkung des in statu
nascenti entstehenden Wasserstoffes auf, so zwar, dass nicht,
wie oben angegeben, nöthig ist, dass das Oxydulsalz durch
Wasserzersetzung Wasserstoff frei macht, sondern dass dieser
sich bei der Salzbildung selbst erzeugt. Durch eine Formel
ausgedrückt, würde sich der Vorgang folgendermassen darstellen:

$$8\,Fe + C^{12}\,H^5\,NO^4 + 8\,HO + 12\,C^4\,H^3\,O^3 = 4\,Fe^2\,O^3$$
$$3\,C^4\,H^3\,O^3 + C^{12}\,H^7\,N + 6\,H.$$

Béchamp wendet auf 1 Theil Nitrobenzol 1,2 Theile Eisen
an. [1])

Diese Methode ist die zur Zeit allein zur Fabrikation
von Anilinöl angewendete. Der Apparat [2]) dazu besteht gewöhnlich aus einem überall geschlossenen Blechcylinder, in
dem ein eisernes Rührwerk angebracht ist. Aus dem Cylinder
führt ein Rohr in einen Kühlapparat, während andrerseits in
den Cylinder ein Dampfrohr, fast bis auf den Boden reichend,
mündet. Durch einen mit Hahn versehenen Trichter ist es
möglich, Flüssigkeiten auch während der Operation in den
Apparat zu bringen.

Ein sehr vortheilhaftes Verhältniss der anzuwen-
denden Stoffe ist folgendes.

Man bringt durch eine Oeffnung des Apparats 150 Theile

---

1) Hofmann fand es 1856 besser 2,5 Theile anzuwenden (Erdmann,
Journ. f. prakt. Chemie. Bd. 67. p. 131), das in der Praxis angewendete
Verhältniss siehe unten.

2) Laurent und Casthélaz in Paris.

Eisenspähne [1]) (möglichst schmiedeeiserne Feilspähne) in denselben, verschliesst und giesst durch den Trichter auf das
Eisen 100 Theile Wasser, sodann 100 Theile Nitrobenzol und

a Cylinder zur Bereitung des Anilinöls; b Rührer; c Konische Räder für den Betrieb des
Rührers; d Zuleitungsrohr für den Wasserdampf; e Fülltrichter; f Destillationskapelle;
g Kühlrohr; h Kühlfass.

endlich 50 Theile [2]) Essigsäure. Ist Alles im Apparate, so
beginnt die Mischung, sich zu erwärmen und unter Entwicklung von Wasserstoff destillirt eine Flüssigkeit über, welche
im Anfange aus wenig Anilin, viel Wasser, Essigsäure und
Nitrobenzol besteht und zurückgegossen werden muss. Man
unterstützt die Einwirkung der Substanzen durch beständiges
Rühren.

Die hierbei auftretende, chemisch erzeugte Wärme ist nicht
ausreichend, alles Nitrobenzol in Anilin umzuwandeln, und man
ist daher gezwungen, gegen Ende der Operation die Ueber-
führung durch Einleiten von Wasserdampf zu unterstützen.
Man giesst das Destillat so lange wieder zurück, bis kein
Nitrobenzol mehr in demselben vorhanden ist, worauf man mit
Dampf abdestillirt.

---

1) In der Praxis wirklich angewendetes Verhältniss.

2) Ist man noch wenig erfahren in dieser Art der Fabrikation, so
thut man gut, 100 Theile Essigsäure zu nehmen, weil die Arbeit damit
leichter, und eine gute Ausbeute auch bei geringer Erfahrung garantirt ist.

Als Produkt der Destillation, die man zweckmassig durch Anwendung freien Feuers unterstützt, erhält man Anilinöl und Wasser. Durch Stehenlassen setzt sich das Anilinöl klar unter der wässrigen Schicht ab und kann durch Abziehen aus einem scheidetrichterartigen Gefässe rein erhalten werden.

Bei **gut geleitetem** Prozesse erhält man eine Ausbeute von 66 Theilen Anilin aus 100 Theilen Nitrobenzol, während die Theorie 75 Theile verlangt.

Bei schlecht geleitetem Prozesse, hauptsächlich, wenn man zu viel Eisenspähne angewendet hat (am reichlichsten, wenn man auf 100 Theile Nitrobenzol 300 Theile Eisen anwendet) findet sich auf dem Boden des Apparats eine **schwarzbraune theerige Masse**, die unter Umständen sogar gar kein Eisen mehr eingeschlossen hat, während man eine wesentlich schlechtere Ausbeute an Anilinöl erhält. Dieser Körper scheint hauptsächlich aus **Azobenzol** $C^{12} H^5 N$ zu bestehen, dessen Bildung sich nach der Formel $C^{12} H^5 NO^4 + 4 Fe + (4 H^3 O^3) =$ $4 (C^4 H^3 O^3) C^{12} H^5 N + 4 (Fe O . C^4 H^3 O^3)$ erklärt.

In kochendem Aether gelöst, setzen sich beim Erkalten des Lösungsmittels grosse rothe Krystalle an, die durch Pressen zwischen Fliesspapier von der anhängenden Flüssigkeit befreit und nochmals umkrystallisirt werden. Sie schmelzen bei 65⁰ C. und haben ihren Siedepunkt bei 193⁰. Der Körper wurde von **Mitscherlich** im Jahre 1834[1]) entdeckt. Er stellte ihn durch Destillation von Nitrobenzol mit **weingeistiger Kalilösung** dar. Dabei tritt zu gleicher Zeit Oxalsäure und **Anilin** auf. Der Prozess findet wahrscheinlich statt nach der Formel:

$$2 (C^{12} H^5 NO^4) + (C^4 H^5 O + HO) + (2 KO . HO) =$$
$$C^{12} H^5 N + C^{12} H^7 N + 2 KO . C^2 O^3 + 6 HO.$$

Man kann auch aus **diesem** Körper Anilin erhalten, wenn man ihn mit **Ammoniak** und **Schwefelwasserstoff** behandelt. Es ist nämlich: $C^{12} H^5 N + 2 HS = C^{12} H^7 N + 2 S.$

Man könnte also in dieser Weise, vielleicht auch durch Behandlung des Azobenzols mit Salzsäure oder Essigsäure und Eisen aus den von verschiedenen Operationen gesammel-

---

1) Poggend. Annalen. Bd. 32, pag. 224.

ten harzigen Kuchen Anilin machen; so viel mir jedoch bekannt, hat es noch kein Fabrikant unternommen. [1])

Bevor die letzterwähnte Methode fast allgemein Anwendung fand, [2]) bediente man sich einer der vorigen sehr ähnlichen Methode, von der man nach dem ersten Anschein glauben muss, dass sie die praktischere sei. Sie unterscheidet sich von der vorigen eigentlich nur durch die Anwendung der Salzsäure statt der Essigsäure und ist darauf begründet, dass der durch Einwirkung dieser Säure auf das Eisen und Entstehung von Eisenchlorür resp. Eisenchlorid entstehende Wasserstoff in statu nascenti die zur Anilinbildung aus Nitrobenzol nöthige Wirkung ausübt.

Da die Salzsäure sich im Handel ungleich billiger stellt als die Essigsäure, so wäre man gewiss bei dieser Methode geblieben, wenn sie nicht einen sehr wesentlichen Nachtheil hätte. Dieser besteht darin, dass man, um eine Wirkung des entstehenden Wasserstoffes auf das Nitrobenzol zu ermöglichen, das letztere in Alkohol lösen muss. Man hat deshalb vor der Gewinnung des Anilins den angewendeten Alkohol abzudestilliren, was einen grossen Aufwand an Apparat, Brennmaterial, hauptsächlich aber an Zeit veranlasst.

Die Anwendung der Salzsäure statt der Essigsäure rührt ursprünglich von Hofmann [3]) her, jedoch verwendete derselbe Zink als reducirendes Metall, und es war den einzelnen Fabrikanten vorbehalten, dieses durch Eisen zu ersetzen. Ich glaube nicht, dass die Anwendung des Zinks lange in der Technik bestand, obgleich dieselbe nur den Nachtheil hat, dass man wegen des bei weitem höheren Preises des Zinks gezwungen war, die Laugen einzudampfen und das Chlorzink zu verkaufen, was aber natürlich umständlich und den Fabrikbetrieb wesentlich vermehrend ist. Dagegen lässt man wohl in allen Fabriken die Eisenlaugen laufen.

Der Betrieb mit Salzsäure und Eisen stellte sich folgendermassen.

---

1) Wahrscheinlich aus dem Grunde, weil die Intelligenteren die Bildung der erwähnten Harzmassen fast ganz vermeiden, die Uebrigen aber weder den entstandenen Körper noch die angegebene Operation kennen.

2) Was erst seit Ende des Jahres 1864 der Fall ist.

3) Annal. d. Chemie u. Pharm. 55, 201.

In einen aus Kesselblech verfertigten Cylinder, der mit Rührwerk, einem Destillations- und einem Ausschöpfungsrohre versehen war, brachte man die Lösung des Nitrobenzols in Alkohol, nachdem vorher schon die Eisenspähne durch eine besondere Oeffnung eingebracht waren. Durch lebhaftes Rühren sorgte man dafür, dass das Eisen in allen Theilen mit der Lösung in Berührung kam und setzte endlich die, gewöhnlich etwas verdünnte, Salzsäure hinzu. Je nach der Lebhaftigkeit des Rührens trat nun, wie bei dem vorigen Prozesse, eine mehr oder minder starke Entwicklung von Wasserstoff ein, welche eine entsprechend lebhafte Wärmeentbindung zur Folge hatte. Durch Einwirkung der letztern destillirte natürlich ein Theil des Alkohols, Wassers, der Salzsäure und etwas Nitrobenzol über, welche Körper man durch Leitung in ein aufsteigendes Kühlrohr verdichtete und in den Apparat zurückzulaufen zwang (Cohobition), während der Wasserstoff entwich.

Je nach Grösse und Füllung des Apparates war die Operation in längerer oder kürzerer Zeit vollendet, und man hatte jetzt im Apparate eine Lösung von Eisenchlorür, Alkohol und Anilin (im Wesentlichen wenigstens) nebst den überschüssig zugesetzten Eisenspähnen. Nach Absitzenlassen der Flüssigkeit pumpte man dieselbe durch das oben erwähnte Abzugsrohr ab und brachte sie in einen mit Dampf geheizten Destillationsapparat, in dem man den Alkohol abdestillirte.

Während man bei Anwendung von Essigsäure nicht nöthig hatte, das entstandene Anilinsalz besonders zu zersetzen, muss man das entstandene salzsaure Anilin durch Kalk zerlegen. Man nahm diese Operation in einem eisernen Apparate vor, welcher, mit Rührwerk versehen, von unten geheizt wurde, während man zu gleicher Zeit durch ein fast auf den Boden hinabgehendes Rohr Wasserdampf von 100° eintreten liess; andererseits trug der Apparat ein Destillationsrohr, das in einen Kühlapparat mündete.

Da hinein brachte man die Eisenchlorür und chlorwasserstoffsaures Anilin haltende Flüssigkeit und setzte die entsprechende Quantität Kalkmilch hinzu. Bei der Erhitzung ging nun das Anilin mit Wasser gemischt über und wurde sodann, wie oben beschrieben, durch Abhitzenlassen und Abziehen von unten gewonnen.

Im Jahre 1863 schon fand A. Kremer,[1]) dass man Nitrobenzol durch Erwärmen mit Wasser und Zinkstaub in Anilin umwandeln könne, indem Zinkoxyd sich bildet. Für die Präparation dieses Zinkstaubes giebt er einen besonderen Apparat an. Er will aus 100 Theilen Nitrobenzol 63 bis 65 Theile Anilin erhalten haben. (Nach der Methode mit Eisen und Essigsäure erhält man, wie wir oben angaben, bei gut geleiteter Operation 66 Theile Anilin.) Jedenfalls ist auch diese Methode einer Zukunft fähig, sofern sich nur eine günstige Gelegenheit findet, eine genügende Menge des Zinkstaubes zu erhalten; denn ihn selbst darzustellen, scheint mir für eine Anilinfabrik zu beschwerlich.

Endlich hat noch H. Vohl[2]) vorgeschlagen, Anilin im Grossen durch Reduction von Nitrobenzol mit alkalischer Traubenzuckerlösung (!) zu gewinnen, eine Gewinnung, die schon wegen ihrer Kostspieligkeit ganz ausser Betracht kommt.

R. Wagner[3]) empfiehlt zu demselben Zwecke Kupferoxydulammoniak, dass sich aber auch zu theuer stellen würde.

Von grösserer Wichtigkeit für die Technik als die beiden letzten Darstellungsarten ist eine von C. Wöhler[4]) schon 1857 angegebene, mittelst einer alkalischen Lösung von arseniger Säure. Wegen der grossen Billigkeit des angewendeten Materials ist diese Art der Darstellung sehr zu beachten, hauptsächlich für solche Anilinfabriken, die zu gleicher Zeit Arseniksäure machen. In eine Retorte, in der sich eine kochende Lösung von arseniger Säure in abschüssiger Aetzkalilauge (36° B.) befindet, lässt Wöhler einen feinen Strahl von Nitrobenzol einfliessen, worauf Anilin mit Wasser gemengt überdestillirt.

$$6\,KO\,.\,HO + C^{12}\,H^5\,NO^4 + 3\,KO\,.\,As\,O^3 = C^{12}\,H^7\,N +$$
$$3\,[(3\,KO)\,.\,As\,O^5] + 4\,HO.$$

Aehnlich dem oben (S. 20) erwähnten Versuche mit Salicylamid versuchten Hofmann und Muspratt, Anilin

---

1) Dingler's polyt. Journ. 169, p. 377; Erdmann, Journ. f. prakt. Chemie 90, 254.

2) Dingler's polyt. Journ. 167, 457; polyt. Centralbl. 1863, 624.

3) Dingler's polyt. Journ. 168, 158; polyt. Centralbl. 1862, 830.

4) Erdmann, Journ. f. prakt. Chemie 71, 254.

durch Ueberleiten von Nitrobenzol über glühenden Kalk darzustellen, was aber in Ansehung der Gewinnung von Anilin bessere Resultate gab, als der oben beschriebene Versuch.

Was die **theoretische Bedeutung des Anilins** anlangt, so zählen wir dasselbe einer Reihe von Körpern zu, denen man in der organischen Chemie den Namen der Amidbasen gegeben hat. Es sind dies Verbindungen, deren Constitution der des Ammoniaks (NH^3) sehr ähnlich ist und sich von diesem durch Vertretung eines, zweier oder dreier Atome Wasserstoff durch organische Radikale unterscheidet.

Wir kennen ganze Reihen von Radikalen, deren Formel einer arithmetisch angelegten Grundformel entspricht, und zu einer dieser Reihen gehören auch die Radikale der Körper (Anilin, Toluidin), welche uns vorzugsweise beschäftigen. Die Grundformel dieser Radikale ist: $C^{2n} H^{2n-7}$ [1]).

Ihre Reihe ist:

$C^{12} H^5$ = Phenyl, das Radikal des Benzols, Anilins etc.;

$C^{14} H^7$ = Toluyl, das Radikal des Toluidins;

$C^{16} H^9$ = Xyloyl;

$C^{18} H^{11}$ = Cumoyl;

$C^{20} H^{13}$ = Cumoyl.

Durch Verbindung dieser Radikale mit 1 Atom Wasserstoff entsteht eine Reihe für uns zum Theil sehr wichtiger Körper.

Phenyl mit Wasserstoff verbunden giebt den Phenylwasserstoff, das Benzol = $C^{12} H^5$ H, während das Toluyl dabei Toluol = $C^{14} H^7$ H giebt, einen für uns auch bemerkenswerthen Körper. Von den Uebrigen gab

Xyloyl: Xylol = $C^{16} H^9$ H;

Cumoyl: Cumol = $C^{18} H^{11}$ H und

Cymoyl: Cymol = $C^{20} H^{13}$ H.

Tritt eines von den angeführten Radikalen in die Constitution des Ammoniaks (NH^3) so ein, dass es ein Atom Wasserstoff vertritt, oder aber verbindet sich eine der Formel NH^2 entsprechende Verbindung, Amid, mit einem dieser Radikale,

---

1) Die organischen Chemiker nahmen einstimmig an, dass der Kohlenstoff in den organischen Körpern paarig vorkommt, uud stellen nach diesem Grundsatze alle Formeln auf.

so erhalten wir ebenfalls Körper, die für uns von der grössten Wichtigkeit sind.

Vertritt das Erste der angeführten Radikale ein Atom Wasserstoff, so entsteht ein Körper, dessen Formel ist

$$N \begin{cases} C^{12}\,H^5 \\ H \\ H \end{cases}$$

und den wir mit Hofmann und Laurent Phenylamin nennen. Es ist dies unser Anilin. Spielte das Toluyl dieselbe Rolle, so entstände das Toluidin oder Toluylamin

$$N \begin{cases} C^{14}\,H^7 \\ H \\ H, \end{cases}$$

ein Körper, der, mit dem Anilin gemischt, erst für Farbenfabrikation brauchbares Anilinöl giebt.

Die andern angeführten Radikale bilden dem analoge Verbindungen, so dass Xyloyl, Xyloylamin oder Xylidin

$$N \begin{cases} C^{16}\,H^9 \\ H \\ H. \end{cases}$$

das Cumoyl, Cumoylamin oder Cumidin

$$N \begin{cases} C^{18}\,H^{11} \\ H \\ H \end{cases}$$

und das Cymoyl, Cymoylamin oder Cymidin

$$N \begin{cases} C^{20}\,H^{13} \\ H \\ H. \end{cases} \quad \text{giebt.}$$

Alle diese Körper sind basischer Natur und entsprechen in der ausgedehntesten Weise dem Ammoniak, dem sie auch in vielen Reactionen ähnlich sind.

Die Salzbildung geht ebenfalls dem Ammoniak analog von Statten, indem auch diese Stoffe dem Ammonium analoge Verbindungen erzeugen. Sie erheischen alle zu ihrer Constitution 1 Atom Wasser, dessen Wasserstoff zur Bildung des Ammoniums und dessen Sauerstoff zur Oxydation dieses hypothetischen Metalles verwendet wird. Wir können daher die Formel des schwefelsauren Anilins $C^{12}\,H^7\,N\,.\,HO\,.\,SO^3$ mit Fug und Recht schreiben:

$$N \begin{cases} C^{12}\ H^5 \\ H \\ H \\ H \end{cases} \quad O\ .\ SO^3$$

analog dem schwefelsauren Ammoniak $NH^4\ O\ .\ SO^3$.

Ebenso verhalten sich die Amide der übrigen Radikale bei der Salzbildung.

Von den erwähnten Amiden wollen wir zwei, als die wichtigsten. noch besonders hervorheben, nämlich **Anilin** und **Toluidin**.

Das Anilin,

von **Unverdorben** (1826), **Runge** (1837) und **Fritzsche** (1840) entdeckt, führt die verschiedenartigsten Synonyma. Unverdorben legte ihm dem Namen **Krystallin** bei, wegen seiner Eigenschaft, mit Säuren leicht gut krystallisirte Salze zu bilden; Runge nannte es **Kyanol**, weil es mit Chlorkalk eine violettblaue Färbung giebt; **Fritzsche**, Anilin, weil er es aus dem Indigo (Anila indigofera, die Pflanze des Indigos) darstellte; Zinin, der die Darstellung der Base aus dem Benzin zeigte, und annahm, dass sie aus Benzin plus 1 Atom Amid bestehe, **Benzidam** und endlich Hofmann, aus schon angeführten Gründen, **Phenylamin** und **Phenamid**. Es stellt **im chemisch reinen Zustande** (in dem es sich nur sehr schwierig erhalten lässt) ein farbloses dünnes Oel dar, das sich bei — 20° nur verdickt, **ohne zu gefrieren**, sein spezifisches Gewicht ist 1,020 bei 16° nach Hofmann; es ist nicht leitend für Electricität und siedet bei 182° (Hofmann). Es verdampft bei gewöhnlicher Temperatur an der Luft, so dass ein Fettfleck, den man mit diesen ölartigem Körper auf Papier gemacht, nach einiger Zeit wieder verschwindet. Seine Dampfdichte beträgt 3,219 (Barral). Sein Geruch ist **im reinen Zustande** (!) schwach aber angenehm weinartig, sein Geschmack gewürzhaft brennend. Es wirkt schwach giftig (Hofmann). Es lässt sich in jedem Verhältnisse mischen, mit Alkohol, Aether, Aldehyd, ätherischen und fetten Oelen etc., und lösst sich auch in geringer Quantität in Wasser, aus welcher Auflösung es jedoch durch Kochsalz, Alkalien, Bittersalz etc. abgeschieden werden kann. Es löst Campher und Colophonium, jedoch keinen Kautschuk.

Die Formel des Anilins stellen die organischen Chemiker

in doppelter Weise dar; als ein Ammoniak, wie oben erwähnt

$$N \begin{cases} C^{12}\,H^5 \\ H \\ H \end{cases}$$

oder als eine Amidverbindung $C^{12}\,H^5 + NH^2$.

Das Anilin verbrennt beim Entzünden mit glänzender, russender Flamme und ist demnach als ein stark feuergefährlicher Körper anzusehen und mit grösster Vorsicht zu behandeln. Es verflüchtigt sich leicht an der Luft, hauptsächlich mit Wasserdämpfen und erzeugt dabei einen durchdringenden, eigenthümlichen, den Kopf stark einnehmenden Geruch. An der Luft färbt es sich roth (nicht braun, die Bräunung rührt gewöhnlich von der Gegenwart harziger und theeriger Stoffe her), wird aber bei jedesmaligem Destilliren wieder weiss. Was

die Reactionen des Anilins

anlangt, so ist die empfindlichste diejenige, welche man durch Zusammenbringen dieses Körpers mit unterchlorigsauren Alkalien erhält. Bringt man Anilin mit einer wässerigen Chlorkalklösung [1]) zusammen, so bildet sich eine violettblaue Färbung, die durch Säuren in Rosenroth übergeht. Jedoch scheint die Flüssigkeit in jedem Falle alkalisch sein zu müssen, was meistens durch den stark basischen Chlorkalk bewirkt wird. Es ist jedoch noch genau festzustellen, ob auch das chemisch reine Anilin diese Reaction giebt.

Verdünnte Schwefelsäure giebt mit Anilin oder der Lösung eines Anilinsalzes einen Niederschlag von schwefelsaurem Anilin, der bei Anwendung von Anilin die ganze Flüssigkeit in einen weissen (gewöhnlich rosafarbenen) Brei verwandelt.

Auch Salzsäure, welche nicht zu verdünnt sein darf, liefert mit reinem Anilin einen Krystallbrei. Ein mit Salzsäure benetzter Glasstab über Anilin gehalten, erzeugt Nebel von salzsaurem Anilin.

Salpetersäure mit Anilin gemischt, giebt beim Stehen am Rande der Gefässe blaue und grüne Efflorescenzen resp. Färbungen.

---

1) Diese Reaction führt schon Runge an. Er konnte damit sogar das Anilin in rohem Theere nachweisen.

Auch **Oxalsäure** erzeugt mit Anilin oder dessen Salzen (sofern sie nicht sauer sind) weisse Krystallmassen. Das Anilin wird aus den Lösungen seiner Salze durch **fixe Alkalien** in öligen Tropfen gefällt, ebenso durch **Ammoniak** bei Mittelwärme, dagegen wird dieser Körper in der Hitze vom Anilin ausgetrieben. (Hofmann.)

Anilin oder ein Anilinsalz in einer Porzellanschale mit einigen Tropfen concentrirter Schwefelsäure übergossen und mit **doppelt chromsaurem Kali** versetzt, liefert eine **blaue Färbung**, die aber bald wieder verschwindet.

Dem Ammoniak analog fällt Anilin die Thonerde-, Zink- und Eisensalze, während es die der Magnesia, des Kobalts, Nickels, sowie die Nitrate des Quecksilberoxyduls und des Silbers ungefällt lässt. — Es coagulirt Eiweiss.

Fichtenholz und **Hollundermark** erhält durch Eintauchen in Lösungen der Anilinsalze eine tief gelbe Färbung, welche durch Chlor nicht zerstört wird. Sie soll sich nach Runge noch zeigen, wenn nur $\frac{1}{500,000}$ **Anilin** vorhanden ist.

Diese Reaction hat das Anilin nach Hofmann mit dem **Naphtalidam**, **Sinnamin**, **Coniin** und **Chinolin** gemein.

Ich kann hier natürlich nur auf die Reactionen Rücksicht nehmen, welche dem Techniker dienlich sind und ihn bei der Untersuchung anilinhaltiger Stoffe wesentlich unterstützen können. Andere Reactionen, die mir nicht ein so grosses Interesse zu haben schienen, um sie hier besonders anzuführen, werden wir noch bei den Salzen besprechen.

Im **chemisch reinen Zustande** erhält man das Anilin, wenn man käufliches Anilinöl wiederholt umdestillirt, um die noch vorhandenen Theeröle und harzigen Theile so viel als möglich zu entfernen und das so gewonnene wasserhelle Anilinöl, das nun im Wesentlichen ein Gemenge ist aus Anilin, Toluidin und Chinolin, in absolutem Alkohol löst und sodann eine alkoholische Lösung von **Oxalsäure** zusetzt. Nach einigen Stunden haben sich Krystalle von oxalsaurem Anilin gebildet, das von den Oxalaten aller drei Basen das schwerlöslichste ist. Das so erhaltene oxalsaure Anilin wird noch einigemale aus Alkohol umkrystallisirt und das erzeugte chemisch reine oxalsaure Anilin mit Kalilauge destillirt. Die dabei erhaltene, wasserhelle, ölige Flüssigkeit ist nun erst chemisch reines Anilin.

Das schwefelsaure Anilin

$$(C^{12} H^7 N . HO) . SO^3 = N \begin{cases} C^{12} H^5 \\ H^3 \end{cases} O . SO^3$$

stellt im reinen Zustande, bei 100° getrocknet, ein weisses, an der Luft rosa anlaufendes Krystallpulver dar. Beim Erhitzen entwickelt es wenig Wasser, dann Anilin [1]) und lässt endlich ein saures Salz zurück, das bei weiterem Erhitzen ein Gemisch von schwefligsaurem Anilin, Ammoniak und Odorin sublimiren lässt.

Das Salz löst sich in kaltem Wasser schwierig, in heissem leicht auf, ist in Aether fast absolut unlöslich und wird von absolutem Alkohol wenig, von verdünntem dagegen in grösserer Quantität aufgenommen, während heisser absoluter Alkohol viel von dem Salze löst.

Das schwefelsaure Anilin erhält man leicht, wenn man die ätherische Lösung der Base mit wenig Schwefelsäure versetzt. Der dabei entstandene Krystallbrei wird durch Waschen mit kaltem absolutem Alkohol vom anhängenden Benzol und Picolin befreit und in kochendem Alkohol aufgelöst, wobei das etwa vorhandene schwefelsaure Ammoniak ungelöst bleibt. Nachdem man von diesem in Alkohol unlöslichen Salze die Anilinlösung abfiltrirt, lässt man sie krystallisiren und erhält so ein chemisch reines Salz.

Beim Einleiten von schwefliger Säure in Anilin bildet dasselbe, nach Hofmann, Krystalle von **schwefligsaurem Anilin** $(C^{12} H^7 N . HO) . SO^2$.

Anilin mit verdünnter Salpetersäure zusammengebracht, erzeugt Krystallmassen von **salpetersaurem Anilin** $(C^{12} H^7 N . HO) . NO^5$, die man durch Pressen zwischen Papier von der rothen Mutterlauge befreit und durch Umkrystallisiren reinigt.

Die Nitroverbindung des Anilins, das **Nitranilin** (welches wir der Kürze halber hier gleich abhandeln) $C^{12} (H^6 NO^4) N$ stellt schöne, lange, gelbe Nadeln dar, die schwerer als Wasser, in demselben untersinken, bei 110° zu einem tief-

---

1) Auch an dieser Reaction erkennt man deutlich die Constitutions-Verwandtschaft des Anilins mit dem Ammoniak. Das Salz wird durch Wasserentziehung theilweise zerstört und das Anilin destillirt bei längerem Erhitzen über.

gelben Oele schmelzen, das bei 285° siedet. Sie haben bei erhöhter Temperatur einen an Anilin erinnernden Geruch und schmecken brennend süss. Die Reaction dieses Körpers ist neutral, obgleich er sich mit Säuren zu neuen, salzartigen Verbindungen vereinigt, so dass man ihn unter die Klasse der Basen zählen muss.

Das Nitranilin färbt wie Anilin Fichtenholz satt gelb, färbt den Chlorkalk jedoch nicht. Dagegen ist es im Stande, die Epidermis gelb zu färben.

Seine Darstellung (s. oben bei Nitrobenzol) beruht auf der Umwandlung des Binitrobenzols in Nitranilin durch reducirende Körper. Zu seiner Reindarstellung verfährt man folgendermassen.[1]) Die alkoholische Lösung des Binitrobenzols wird mit Ammoniak gesättigt und alsdann so lange Schwefelwasserstoffgas hindurch geleitet, bis kein Schwefel mehr nach dem Einleiten auskrystallisirt. Man dampft nun mit Salzsäure ab, wobei sich noch Binitrobenzol und Schwefel ausscheiden, von denen abfiltrirt, die Lösung mit Kali versetzt wird. Dabei fällt ein braunes klebendes Harz heraus, das mit kaltem Wasser vom Kali befreit, in heissem gelöst wird, worauf aus der filtrirten pomeranzengelben Lösung beim Erkalten Nadeln von Nitranilin anschiessen.

Es wurde 1846 von Hofmann und Muspratt entdeckt.

Leitet man durch eine Lösung von Anilin in Alkohol Cyangas, so erhält man Krystalle von **Cyanwasserstoff-Anilin** $C^{12} H^7 N . HC^2 N$, bei längerem Durchleiten jedoch Zersetzungsprodukte.

Analog dem Ammonium bildet das Anilin mit Cyansäure **cyansaures Anilin** $(C^{12} H^7 N . HO) . C^2 NO$, das unter gewissen Umständen wie jenes in Anilinharnstoff $C^{14} H^8 N^2 O^2$ übergeht. Direkt erhält man diesen Körper durch Fällen der wässrigen Lösung von schwefelsaurem Anilin mit cyansaurem Kali.[2])

Mit Salzsäure zusammengebracht, liefert das Anilin sofort **Chlorwasserstoff-Anilin** $C^{12} H^7 N . HCl$, ein dem Salmiak ganz analog zusammengesetztes Salz.

----

1) Hofmann und Muspratt, Annal. d. Chemie und Pharm. 57, 201.
2) Hofmann, Annal. d. Chemie und Pharm. 53, 57; 57, 365.

$$NH^4 Cl - N \left\{ {C^{12} H^3 \atop H^3} \right. Cl$$

Salmiak   Chlorwasserstoff-Anilin.

Es stellt spiessige Krystalle von stechendem Geschmack dar, die sich leicht unzersetzt sublimiren.

Ein Gehalt an Picolin im angewendeten Anilin verhindert das Entstehen von Krystallen, und es bildet sich statt dessen ein jäher Syrup.

Das Chlorwasserstoff-Anilin ist in Alkohol und Wasser leicht löslich und reagirt sauer auf Lacmus.

Freies Chlor wirkt beim Durchleiten durch Anilin in der Weise auf dasselbe ein, dass sich unter Auftreten von blauen, violetten und endlich schwarzen Färbungen aus der Lösung des Oeles in Salzsäure oder Alkohol ein schwarzer Theer ausscheidet, der beim Erkalten spröde wird. Bei der Destillation mit Wasser liefert er **Trichloranilin** ${C^{12} H^4 N, \atop Cl^3}$ also einen Körper, in dem 3 Atome Wasserstoff durch Chlor vertreten sind. Er geräth sodann in Fluss und liefert unter Hinterlassung von Kohle — Salzsäure und ein widrig riechendes, beim Erkalten krystallisirendes Oel, die Trichlorcarbol-säure $HO . {C^{12} H^2 O \atop Cl^3}$. Im Rückstande bleibt alsdann noch Chlorwasserstoff-Ammoniak.

Bringt man zu einer mit gleichen Theilen Alkohol versetzten Lösung eines Anilinsalzes eine Lösung von chlorsaurem Kali und Salzsäure, so entsteht nach einiger Zeit ein schöner, indigofarbener, flockiger Niederschlag. Nach dem Abfiltriren und Auswaschen mit Alkohol geht die blaue Färbung des Niederschlages in eine dunkelgrüne über. Nach dem Trocknen hat man einen zusammengeschrumpften Körper, der 16 proCt. Chlor enthält (1843).

Aehnlich wirkt jod- und bromsaures Kali mit Schwefel-säure. [1]

Brom bildet mit Anilin eine braune Lösung, die zu einem Gemenge von **Bromwasserstoff-Anilin** $C^{12} H^7 N . H Br$ und Tribromanilin ${C^{12} H^4 N, \atop Br^3}$ erstarrt. Das Bromwasserstoff-Anilin ist ebenfalls unzersetzt sublimirbar.

---

1) Erdmann, Journ. f. prakt. Chemie. Bd. 28. p. 202.

Die Lösung des Jods in Anilin setzt bald Nadeln von **Jodwasserstoff-Anilin** ab, während die Mutterlauge ein Harz und einen andern Körper das Jodwasserstoff-Jod-anilin $C^{12} H^6 N \cdot \overset{\textstyle HJ}{\underset{\textstyle J}{}}$ enthält.

Eine Verbindung von Kohlensäure mit Anilin kennt man bis jetzt noch nicht.

Die Verbindung des Anilins mit der Essigsäure ist nicht krystallisirbar und lässt sich mit Wasser überdestilliren, wobei sie sich jedoch zu zersetzen scheint.

Die weingeistigen Lösungen von Anilin und Oxalsäure setzen beim Mischen ein weisses Pulver von **oxalsaurem Anilin** $C^{12} H^7 N \cdot HO \cdot C^2 O^3$ ab, das sich, aus Alkohol umkrystallisirt, in sternförmigen Blättchen erhalten lässt. Die so erhaltenen Krystalle sind zwar in Wasser, jedoch sehr schwer in absolutem Alkohol und gar nicht in Aether löslich.

Die zweite Base, welche hier die grösste Wichtigkeit hat, ist

das Toluidin.

Es bildet einen fast integrirenden Bestandtheil des käuflichen Anilinöls.

Das Toluidin, 1845 entdeckt von Hofmann und Muspratt,[1] bildet sich ganz analog dem Anilin aus Nitrotoluol bei Ein-wirkung reducirender Substanzen. So stellten es die beiden Entdecker, so wie Wilson durch Einwirkung von Schwefel-wasserstoff auf ammoniakhaltiges Nitrotoluol dar. Zugleich mit dem Anilin entsteht es bei der Reduction des gewöhnlichen Nitrobenzols (im Wesentlichen aus Nitrobenzol und Nitrotoluol bestehend, s. oben) mit Eisen und Essigsäure, Eisen und Salzsäure etc.

Ferner bildet es sich nach Chautard,[2] wenn man das bei der Behandlung von Terpentinöl mit Salpetersäure ent-standene gelbgefärbte Harz mit Kalilauge destillirt. Zu dem Ende füllt man eine tubulirte Retorte, die mit einem Kühlrohre verbunden ist, mit dem präparirten Harze an und fügt durch einen Sicherheitstrichter nach und nach Kalilauge hinzu. Das

---

1) Annal. d. Chemie u. Pharm. 54, 1.
2) N. J. Pharm. 24, 166; Journ. f. pr. Chemie 60, 240.

Gemenge färbt sich dabei dunkelrothbraun, erhitzt sich bedeutend und entlässt ein nach Ammoniak und Phosphorwasserstoffgas zu gleicher Zeit riechendes Destillat, dessen Entwicklung man nach dem Aufhören der chemisch erzeugten Wärme durch angewendete Erhitzung von Aussen so lange befördert, als der Inhalt der Retorte noch nach Ammoniak riecht.

Man versetzt sodann das Destillat mit Salzsäure, wodurch harzähnliche Stoffe ausgeschieden werden. Vom abgesetzten Harze trennt man die überstehende Flüssigkeit, welche im Wesentlichen aus chlorwasserstoffsaurem Toluidin und Salmiak besteht, und verdampft sie zur Trockne. Der Rückstand giebt an absoluten Alkohol das chlorwasserstoffsaure Toluidin ab, das man umkrystallisirt und mit Kali in reines Toluidin verwandelt. Das hierbei ausgeschiedene Krystallgerinnsel von Toluidin wird zwischen Fliesspapier ausgepresst und nochmals umkrystallisirt.

Nach dem Dr. R. Brimmeyr[1]) erhält man reines Toluidin direkt aus dem Anilinöle, wenn man die zwischen 195 bis 200° C. gesammelten Destillationsprodukte mit ihrem halben Gewichte an Oxalsäure und 4 Theilen Wasser behandelt und bis zum Kochen und zur vollständigen Lösung des Anilinöles erhitzt. Sobald die Flüssigkeit klar erscheint, lässt man bis auf 80° C. unter fortwährendem Rühren erkalten, decantirt rasch von dem am Boden des Gefässes ausgeschiedenen oxalsauren Toluidin und presst schnell ab. Den so erhaltenen Presskuchen zersetzt man durch Kochen mit ammoniakhaltigem Wasser, dem man so viel Alkohol zusetzt, als gerade zur Lösung erforderlich ist. Beim Erkalten scheidet sich das Toluidin in grossen, farblosen Blättern aus, wogegen die davon abgegossene kaum Spuren von Toluidin enthaltende Flüssigkeit zur Zersetzung frischer Quantitäten des gedachten Oxalates dienen kann.

Das Toluidin stellt eine in grossen, breiten, farblosen Blättern krystallisirte Masse dar, die bei 40° zu einem farblosen, lichtbrechenden Oele schmelzen. Es siedet bei 198°, verdampft aber an der Luft schon bei gewöhnlicher Temperatur, so dass ein damit auf Papier erzeugter Fettfleck bald wieder verschwindet. Riecht schwach gewürzhaft wie das

---

1) Dingler's polyt. Journ. 176, 461; Illustr. Gewerbezeit. 1865, 244.

Anilin und schmeckt brennend. Während das Anilin gegen Lacmus und Curcuma sich neutral verhielt, bläut das Toluidin rothes Lacmuspapier, lässt jedoch Curcuma ungebräunt.

Es erzeugt mit Salzsäuregas Nebel wie das Anilin.

Mit wässrigem **Chlorkalk** färbt es sich nur schwach **röthlich**. (Unterschied vom Anilin.)

Die saure Lösung der Toluidinsalze färbt **Fichtenholz** und **Hollundermark gelb**.

Das Toluidin fällt die Eisenoxydsalze.

Charakteristisch für das Toluidin ist, dass es sich durch Zersetzung seiner Salze durch freies und kohlensaures Ammoniak, Kali und Natron als **krystallinisches Gerinnsel** ausscheidet. Das Toluidin löst sich in Holzgeist, Alkohol und Aether, sowie in Aceton, fetten und flüchtigen Oelen. In Wasser löst es sich in sehr geringer Quantität, aus welcher Lösung es durch Aether wieder aufgenommen wird.

Die Formel des Toluidins ist $C^{14} H^9 N$. Man betrachtet es analog dem Anilin als **Toluol** + **Amid** $C^{14} H^7 + NH^2$ oder als **Toluylamin** $N \begin{Bmatrix} C^{14} H^7 \\ H^2 \end{Bmatrix}$.

Bei der Bildung der Salze des Toluidins tritt wie beim Ammoniak 1 Atom Wasser mit in die Constitution ein. Es entsteht dabei eine dem Ammoniumoxyd analoge Verbindung; schwefelsaures Toluidin erhält also die Formel:

$$N \begin{Bmatrix} C^{14} H^7 \\ H^3 \end{Bmatrix} O \cdot SO^3 = C^{14} H^9 N \cdot HO \cdot SO^3.$$

Das **schwefelsaure Toluidin** bildet sich, wenn man die ätherische Lösung von Toluidin mit einigen Tropfen Schwefelsäure versetzt. Der entstandene, schneeweisse, krystallinische Niederschlag wird mit Aether gewaschen und aus Wasser umkrystallisirt. Es ist leicht löslich in Wasser (Unterschied vom schwefelsaurem Anilin), wenig löslich in Weingeist.[1]

Salpetersäure giebt mit Toluidin ein krystallisirbares Salz, **salpetersaures Toluidin** $C^{14} H^9 N \cdot HO \cdot NO^5$.

Das **salzsaure Toluidin**, $C^{14} H^9 N \cdot H\,Cl$, erhalten wie das entsprechende Anilinsalz, stellt weisse Krystallschuppen dar, die sich an der Luft bald gelb färben und

---

1) Hofmann und Muspratt, Annal. d. Chemie u. Pharm. 54, 1; Pharm. Centralbl. 1848, 513.

sich unzersetzt sublimiren lassen. Es ist leicht löslich in Wasser und Alkohol, schwierig dagegen in Aether. Seine Lösung reagirt sauer.

Eine alkoholische Lösung von Toluidin mit einer gleichen von Oxalsäure versetzt, giebt seidenglänzende, feine Nadeln, die in kaltem Wasser und Alkohol schwer, in kochendem leichter löslich sind. Die Lösung reagirt stark sauer, da die entstandene Verbindung ein Bioxalat ist. Seine Formel ist:

$$N \begin{Bmatrix} C^{14} H^7 \\ H^3 \end{Bmatrix} O \cdot C^2 O^3 + HO \cdot C^2 O^3 + HO.$$

Das Chinolin,

das gewöhnlich nur in dem aus den schweren Theerölen direkt gewonnenen Anilinöle vorkommt, wurde zuerst von Runge[1]) 1834 im Steinkohlentheere entdeckt (Leukol) und 1842 von Gerhardt[2]) bei der Destillation von Chinin oder Cinchonin mit Kalihydrat erhalten. Hofmann wies die Identität der auf diesen beiden Wegen erhaltenen Körper nach.

Es führt die Synonyma Chinolein, Leukol, Leukolin und Quinoléine (Gerhardt).

Zu seiner Reindarstellung verwendet man das direkt aus schweren Theerölen erhaltene Gemisch von Anilin und Leukolin. Die aus beiden Basen gebildeten chlorwasserstoffsauren Salze destillirt man mit Kalkmilch und fängt das zuerst Destillirende so lange auf, als es noch Chlorkalk bläut; ist diese Reaction verschwunden, so wechselt man die Vorlage und erhält nun fast reines Chinolin, das man zur völligen Reinigung in Alkohol löst und eine alkoholische Lösung von Oxalsäure hinzufügt. Dadurch entsteht nach einigen Stunden ein weisser krystallinischer Niederschlag von noch anhaftendem oxalsaurem Anilin, während man reines oxalsaures Chinolin in Lösung hat. Man versetzt die Flüssigkeit mit Kalkmilch und destillirt, wobei zuerst Alkohol, sodann Chinolin übergeht, das man durch nochmalige Destillation über Chlorcalcium wasserfrei erhält.

So dargestellt, stellt das Chinolin ein wasserhelles, stark lichtbrechendes Oel dar, das bei -20° sich weder verdickt, noch

---

1) Poggend. Annal. 31, 68.
2) Journ. f. prakt. Chemie 28, 76.

gefriert. Sein spezifisches Gewicht ist nach Hofmann 1,081 bei 10°. Es stellt einen noch schlechteren Leiter der Electricität dar als das Anilin, und siedet bei 239° (Hofmann). Bei gewöhnlicher Temperatur verdunstet es wie Anilin und Toluidin an der Luft. Seine Dampfdichte beträgt nach Williams 4,519. Es hat einen durchdringenden, an Bittermandelöl erinnernden Geruch und einen dem Anilin an Schärfe überlegenen Geschmack. Physiologisch wirkt es schwach giftig.

Es reagirt wie das Anilin nur auf Georginenpapier alkalisch.

Dagegen färbt es weder wässerigen Chlorkalk noch Fichtenholz.

Bei der Behandlung des wässerigen Chinolins mit einer Mischung von Salzsäure und chlorsaurem Kali bedeckt sich die Flüssigkeit schnell mit einer Schicht orangerothen Oels, das beim Erkalten zähe wird und sich in erwärmten Alkohol leicht löst. Beim Erkalten fällt der Körper jedoch wieder aus der alkoholischen Lösung; er bildet mit Salpetersäure keine Pikrinsäure.

Mit rauchender Salpetersäure erstarrt das Chinolin zu einer prächtigen Krystallmasse, ohne Zersetzungsprodukte zu bilden.[1])

Das Chinolin fällt die Thonerdensalze, trübt die Bleisalze wie schwefelsaures Eisenoxydul schwach, fällt aber salpetersaures Eisenoxyd gar nicht.

Ammoniak zerlegt bei Mittelwärme, wie die fixen Alkalien, die Chinolinsalze, dagegen wird es in der Hitze durch dieses ausgetrieben.

Anilin entwickelt aus trockenen Chinolinsalzen den charakteristischen Chinolingeruch. Es coagulirt nicht das Eiweiss.

Das Chinolin mischt sich in jedem Verhältnisse mit Schwefelkohlenstoff, Alkohol, Aether, Aceton, Aldehyd etc., löst sich aber nur in geringer Menge in Wasser auf, dem es seinen Geruch mittheilt. Aus der wässerigen Lösung nimmt Aether alles Chinolin auf. In flüchtigen, wie fetten Oelen ist es löslich.

---

1) Gr. Williams Chemic. Gaz. 1856, 261 u. 281.

Das Chinolin, $C^{18} H^7 N$, wird wie das Anilin angesehen, als ein einatomig substituirtes Ammoniak mit dem Kohlenwasserstoffe $C^{18} H^5$.

$$N \begin{cases} C^{18} H^5 \\ H^2 \end{cases}$$

Wie bei den zuletzt angeführten Basen tritt auch hier bei der Salzbildung ein Atom Wasser in die Constitution ein, so dass auch hier das schwefelsaure Salz die Formel hat:

$$N \begin{cases} C^{18} H^5 \\ H^3 \end{cases} O . SO^3.$$

Das Sulphat wird nach Hofmann dargestellt, indem man das Chinolin in Aether löst und Schwefelsäure hinzufügt. wobei eine klebrige Flüssigkeit zu Boden sinkt, die beim Stehen unter dem Aether nach einigen Tagen zur zerfliesslichen Salzmasse erstarrt.

Die Lösung des Chinolins in überschüssiger Salpetersäure lässt, nach Williams, beim Verdunsten eine teigige, beim Erkalten erstarrende Masse, die, aus Alkohol krystallisirt, weisse, luftbeständige, nicht schmelzbare Nadeln liefert. Die Formel dieses Salzes ist:

$$N \begin{cases} C^{18} H^5 \\ H^3 \end{cases} O . NO^5.$$

Sättigt man Chinolin mit Salzsäure, so erhält man einen zähen Syrup, der nach langer Zeit schwach krystallinisch wird. $C^{18} H^7 N . HCl$.

Chinolin giebt, mit einer überschüssigen Oxalsäurelösung behandelt, weisse, weiche krystallinische Massen, die nach wiederholtem Umkrystallisiren aus Weingeist sich in seidenglänzende Nadeln verwandeln. Bei 100^0 zersetzen sie sich unter Entwickelung der Base. Es ist ein Bioxalat von der Formel:

$$N \begin{cases} C^{18} H^5 \\ H^3 \end{cases} O . C^2 O^3 + HO . C^2 O^3.$$

Das Odorin,

eine dem Anilin gleich zusammengesetzte, jedoch sehr stark von diesem unterschiedene Base, wurde schon 1826 von Unverdorben[1]) im Knochenöle (Oleum animale foetidum)

---

1) Poggend. Annal. 8, 259 u. 480; 11, 59.

entdeckt. Er nannte es wegen seines starken, durchdringenden, unangenehmen Geruches Odorin. 1846 stellte es Anderson[1]) reiner dar und legte ihm den Namen Picolin bei.

Die Darstellung dieses Körpers, der sich hauptsächlich im Knochenöle, weniger im Steinkohlentheeröle vorfindet, obgleich es demselben seinen unangenehmen Geruch mittheilt, ist eine höchst schwierige. Nach Anderson versetzt man das bei der Rectification des Steinkohlentheers übergehende Oel mit Schwefelsäure, um die Basen zu entziehen, und neutralisirt die so entstandene schwefelsaure Lösung mit unreinem Ammoniak.[2])

Man destillirt nun und erhält als erstes Produkt Wasser und ein dickes, dunkelbraunes, im Wasser untersinkendes Oel, das im Wesentlichen aus Odorin, Anilin, Pyrrhol und Benzol besteht, denen ein dickes, schweres, neutrales Oel beigemengt ist.

Man bringt das ganze so erhaltene Destillat aufs Neue in eine Retorte und destillirt $\frac{3}{4}$ der Flüssigkeit ab, während $\frac{1}{4}$ derselben, hauptsächlich aus dem erwähnten neutralen Oele bestehend, in der Retorte zurückbleibt.

Das Destillat besteht nun aus mit Wasser gemischtem Odorin, dem etwas Anilin beigemengt ist und einem darauf schwimmenden Oele, das man abnimmt, und nun die wässerige Flüssigkeit mit Schwefelsäure übersättigt und destillirt. Dabei geht eine wässerige Lösung von Pyrrhol[3]) über, während schwefelsaures Oel im Retortenrückstande bleibt. Man übersättigt nun dieses mit Kali, und destillirt weiter, wobei man ein Gemisch von öligen Substanzen nebst einer wässerigen Lösung als Destillat erhält, das man mit einigen Stücken Kalihydrat versetzt. Durch die Lösung des Alkali's in Wasser verliert das Odorin nach und nach seine Löslichkeit (s. unten) und scheidet sich nach oben hin als ein öliger Körper ab. Dieses Oel, das noch beträchtlich (30 bis 40 pCt.) Wasser enthält, nimmt man ab und versetzt es so lange mit trockenem Kalihydrat, als dieses noch feucht wird. Geschieht dies nicht

---

1) Annal. d. Chemie u. Pharm. 60, 86. Phil. Mag. 33, 185.

2) Man verwendet dazu am besten das von der Steinkohlendestillation herrührende ammoniakalische Wasser.

3) Ein Körper, der von Runge entdeckt wurde, über dessen eigentliche Natur man jedoch sehr unklar ist.

mehr, so hat man ein trocknes Gemisch von Odorin mit Anilin, das man nun der Trennung wegen nochmals destilliren muss.

Man bringt also das so erhaltene Oel nochmals in eine Retorte und destillirt nun so lange, bis ein übergehender Tropfen Chlorkalklösung bläut, wonach dann mit Odorin vermischtes Anilin übergeht, während das Vorhergehende reines Odorin darstellte. Um endlich das Odorin ganz rein zu erhalten, versetzt man es nochmals mit Kalihydrat, destillirt es und fängt den Körper auf, der bei 133^0 siedet. Man hat nun chemisch reines Odorin.

So dargestellt, ist das Odorin ein wasserhelles, sehr dünnes Oel, bei 0^0 nicht gefrierend, vom spezifischen Gewicht 0,955 bei 10^0. Es siedet bei $133,3^0$. Sein Geruch ist eigenthümlich ranzig, besonders im verdünnten Zustande, und hartnäckig haftend.

Es wirkt nicht färbend auf Hollundermark und Fichtenholz, ebensowenig auf Chlorkalk.

Wie Ammoniak erzeugt es mit darüber gehaltener Salpeter-, Salz- und Essigsäure Nebel.

Es bläut Lacmus und coagulirt schwierig (Wertheim) oder gar nicht (Anderson) Eiweiss.

Das Odorin mischt sich ausser mit Alkohol, Aether, fetten und flüchtigen Oelen etc. auch mit Wasser in jedem Verhältnisse, welches letztere Verhalten es von den vorher angeführten Körpern unterscheidet. Jedoch wird es durch Sättigen des Lösungmittels mit Kali und den meisten anderen Alkalien gefällt.

Es fällt das Uran-, Zinn- und Eisenoxyd, während es durch alle basischen Oxyde aus seinen Verbindungen ausgetrieben wird.

Seine Zusammensetzung ist gleich der des Anilins $C^{12} H^7 N$; über seine rationelle Formel ist man noch nicht klar. Einige multipliciren die angegebene Formel und schreiben sie $C^{24} H^{14} N^2$, was uns aber keinen Schritt weiterführt.

Wie die Salze des Anilins nehmen auch die Verbindungen des Odorins bei ihrer Bildung Wasser auf und lassen daher auch hier eine Betrachtung des Odorinhydrats als ammoniumoxydartigen Körper zu. Es ist also z. B. schwefelsaures Odorin

$$N \begin{Bmatrix} C^{12} H^7 \\ H \end{Bmatrix} O \,.\, SO^3.$$

Wasserfreies Odorin mischt sich mit Schwefelsäure unter Sieden zu einem farblosen Oele, dass sich im überschüssigen Oele nicht löst und sich beim Sieden mit Wasser unter Verlust von Odorin in **saures schwefelsaures Odorin** verwandelt.

Das saure Salz $(C^{12} H^7 N . HO) . SO^3 + HO . SO^3$, wie oben angegeben dargestellt, ist ein dickes Oel, das beim Erkalten zu einem Conglomerat von wasserhellen Tafeln erstarrt. Es löst sich leicht in Weingeist, ist aber unlöslich in Aether.

Alle Salze des Odorins färben sich an der Luft braun, ein charakteristisches Erkennungszeichen dieser Salze.

Verdünnte Salpetersäure mit Odorin vermischt, giebt beim Abdampfen eine weisse, krystallinische Masse, die beim Sublimiren sich in einen weissen, federartig krystallisirten Körper verwandelt, das **salpetersaure Odorin** $(C^{12} H^7 N . HO) . NO^5$.

Salzsaures Odorin $C^{12} H^7 N . H Cl$ erhält man beim Eindampfen eines neutralen Gemisches von Salzsäure und Odorin als einen Syrup, der beim Erkalten zu einer in Säulen krystallisirten Masse gesteht, die sich unzersetzt sublimiren lässt.

Wasserhaltiges Odorin verschluckt Kohlensäure, welche jedoch beim Kochen mit Wasser wieder ausgetrieben wird.

Mit überschüssigem Odorin versetzte wässrige Oxalsäure, die man über Kalk eindunstet, setzt Krystalle von **oxalsaurem Odorin** $(C^{12} H^7 N . HO) . C^2 O^3$ (?) ab, die in Wasser und Weingeist leicht löslich sind.

Neben all den bereits genannten Basen kommen im Anilinöle häufig noch Stoffe vor, welche von Hofmann[1]) genauer studirt wurden.

Der genannte Chemiker bezog von den Anilinfabrikanten Collin und Coblentz ein basisches Oel, das höher siedete als das gewöhnliche Anilinöl und durch wiederholte Rectification gewonnen war.

Das Oel begann bei 180° C. zu sieden, sein Siedepunkt stieg von da ab Gradweise, ohne irgendwo stationär zu werden, und die letzten Portionen verflüchtigten sich erst bei angehender

---

1) Comptes rendus t. LV, p. 781. Dingler's polyt. Journ. 168, 139.

Rothglühhitze. Fängt man unter den übergehenden Produkten die Fractionen auf, welche zwischen 200 und 220°, und weiter diejenigen, welche zwischen 270 bis 300° übergehen, so kann man aus denselben leicht Toluidin sowie Toluylen-Diamin darstellen.

Fängt man sodann diejenigen Theile des Oeles besonders auf, welche über 333° übergehen, so erhält man eine braune, klebrige, kaum bewegliche Flüssigkeit. Mit verdünnter Schwefelsäure behandelt, erstarrt sie zu einer krystallinischen Masse, welche durch Filtration in ein krystallinisches, in Wasser schwer lösliches und in ein anderes leicht lösliches Sulphat geschieden werden.

Das Letztere giebt, mit Natron zersetzt, ein basisches, klebriges Oel, welches nach einigen Tagen fest wird. Es wurde von dem anhaftenden, öligen Theile durch Pressen zwischen Fliesspapier befreit, darauf aus Wasser und zuletzt aus Alkohol mehrere Male umkrystallisirt.

So dargestellt, ist der neue Körper in langen, seidenglänzenden, vollkommen weissen Nadeln krystallisirt, die bei 192° schmelzen und erst über 360° sieden. Sie sind ohne Zersetzung flüchtig. Die Analyse ergab die Zusammensetzung entsprechend der Formel $C^{12} H^7 N$, so dass der Körper dem Anilin gleich zusammengesetzt ist. Da er jedoch andere Eigenschaften zeigt, als das uns bekannte Anilin, so schlug Hofmann für denselben den Namen **Paranilin** vor. Bei Betrachtung der Salze ist der Entdecker zu der Ansicht gekommen, man müsse die Formel verdoppeln und schreibt demnach das Paranilin $C^{24} H^{14} N^2$.

Nach dieser Ansicht ist das Paranilin im Stande, ein oder zwei Aequivalente Säure zu fixiren, von denen die Salze mit einem Aequivalente Säure leicht erhalten werden können. Sie sind hellgelb und ihre Lösungen fluoresciren.

Die Lösung der Base in concentrirter Chlorwasserstoffsäure scheidet schöne, sechseckige, gelbe, durchscheinende Tafeln eines Salzes ab, das bei 100° getrocknet der Formel $C^{24} H^{14} N^2 . 2 H Cl + 2 HO$ entspricht.

Mit Wasser behandelt, verwandelt sich das Salz in gelbe, in Wasser lösliche Nadeln, die in Alkohol und Aether unlöslich sind. Bei 100° getrocknet, haben sie die Zusammensetzung $C^{24} H^{14} N^2 . H Cl + 2 HO$, bei 115° getrocknet, verlieren sie das Krystallwasser und haben die Formel $C^{24} H^{14} N^2$. H Cl.

Das Nitrat konnte vom Entdecker nur in einer Zusammensetzung erhalten werden als $(C^{24} H^{14} N^2 . HO) . NO^5$.

Paranilin in verdünnter Schwefelsäure gelöst, setzt sehr bald strahlenförmig gruppirte Krystalle ab von der Zusammensetzung $(C^{24} H^{14} N^2 . HO) SO^3 + HO . SO^3$. Sie sind in Wasser leicht, in Alkohol schwer löslich.

Die Lösung dieses Salzes mit einem Ueberschusse von Paranilin erhitzt, giebt ein dem vorigen sehr ähnliches Salz, dass der Formel $(C^{24} H^{14} N^2 . HO) SO^3$ entspricht.

Alle Salze des Paranilins zeigen eine eigenthümliche Fluorescenz. Das Paranilin entsteht wahrscheinlich aus dem Anilin durch Wärmewirkung.

Es gelang ausserdem Paranilin darzustellen, in welchen ein Theil des Wasserstoffes durch Aethyl und Benzoyl vertreten war.

Das käufliche Anilinöl

ist fast nie [1]) reines Anilin, sondern nur ein Gemisch von Anilin, Toluidin und etwas Odorin. Es ist gewöhnlich frei von Chinolin, da dieses sich vorzugsweise in dem direkt aus den schweren Steinkohlentheerölen gewonnenen Anilinöle (also einer verhältnissmässig sehr geringen Quantität) vorfindet. Es stellt eine gelblich bis dunkelbraun (von oben gesehen fast schwarz) gefärbte ölige Flüssigkeit dar, die einen eigenthümlichen, fast unangenehmen Geruch (vom Odorin herrührend) hat. Manchmal und besonders, wenn es aus Steinkohlenölen direkt gewonnen ist, ist ein lebhafter Photogengeruch nicht zu verkennen. Es fängt leicht Feuer und ist deshalb mit grosser Vorsicht aufzubewahren. Es wird von den einzelnen Fabriken gewöhnlich in Ballons von Weissblech verschickt, die durch einen Korb wie die Glasballons vor Beschädigung von Aussen geschützt sind und gewöhnlich genau

---

1) Es kommt zuweilen fast reines, ja manchmal sogar chemisch reines Anilin im Handel vor. Es ist dies für Farbenfabrikation nicht anwendbar und wird daher gewöhnlich retournirt. Seine Anwesenheit rührt jedenfalls daher, dass bei den grossen Massen von Anilin, die in einzelnen Fabriken auf einmal zur Destillation kommen, die einzelnen Stoffe völlig Gelegenheit haben, sich nach den Siedepunkten zu trennen.

1 Ctr. Oel enthalten. Der Preis für Anilinöl beträgt im Allgemeinen $\frac{3}{4}$ Thaler franco Berlin, obgleich es zu Zeiten viel billiger aus England kommen soll.

Das Anilinöl fängt schon bei 175 bis 180° an zu sieden, der Siedepunkt steigt allmählich bis 190° und ist von hier bis 205° fast Grad für Grad constant. Der grösste Theil desselben siedet gewöhnlich bei 195°. Nie jedoch hat das käufliche Anilinöl, ganz besondere Ausnahmen abgerechnet, einen constanten Siedepunkt; es ist vielmehr je nach seiner Zusammensetzung leichter und schwerer siedend.

Vergleicht man die Siedepunkte der darin vorkommenden Körper

$$\begin{aligned}
\text{Odorin} &= 133° \\
\text{Anilin} &= 182° \\
\text{Toluidin} &= 198° \\
\text{Chinolin} &= 239°,
\end{aligned}$$

so wird man finden, dass zu leicht siedende Anilinöle (manchmal schon bei 140° anfangend zu sieden) einen Ueberschuss an Odorin enthalten müssen, das gewiss für die Farbenfabrikation nicht sehr zuträglich ist. Zu schwer siedende werden dagegen zu wenig Anilin, zu viel Toluidin und ausserdem Chinolin, so wie schwere Theeröle [1]) enthalten.

Hauptsächlich für die Fabrikation des Fuchsins muss man das Anilinöl sorgfältig auswählen. Ich habe dafür am zweckmässigsten ein solches gefunden, das bei circa 175° anfängt zu sieden. Bis 190° gehen 10 bis 15 pCt. des Oeles über, während die Hauptmasse zwischen 190 bis 195° übergeht. Hier ist auch der Siedepunkt fast Grad um Grad bis zu 200° herauf constant. Bei 200° müssen 80 pCt. übergegangen sein.

Bei 190° erst eigentlich anfangend zu sieden, kann es nur höchst geringe Quantitäten von Odorin enthalten, während die Hauptmasse, bei 190 bis 195° übergehend, jedenfalls ein Gemisch von reinem Anilin (182°) und Toluidin (198°) ist. Die über 200° destillirenden 20 pCt. des Oelgemisches mögen mit Chinolin und etwas Theeröl versetztes Anilin und Toluidin sein.

---

1) Die schweren Theeröle kommen im Anilinöle häufiger vor, als man gewöhnlich zu glauben geneigt ist.

Für Blau- und Violett- (Farben-) Fabrikation wendet man zweckmässig ein schwereres Oel an, am besten ein solches, das erst nahe bei 190° anfängt zu sieden und von dem bis 200° höchstens 60 pCt. übergehen. Es ist offenbar, dass ein solches Oel bedeutend weniger Anilin enthält, als das vorher Besprochene.

Man kann jedoch, besonders wenn man das Anilinöl ganz oder theilweise kauft, sich nicht an bestimmte Vorschriften halten, da die Güte des Oeles nie ganz gleich ist. Die oben gemachten Angaben gelten für gutes, kölnisches Anilinöl. Dagegen kann man mit grosser Leichtigkeit ein zu schwer [1]) oder zu leicht erscheinendes Oel nach den gemachten Erfahrungen nach Bedürfniss leichter oder schwerer machen. Eine rationell betriebene Anilinfarbenfabrik wird sich niemals in diesem wichtigen Artikel auf die liefernden Fabriken verlassen, sondern nach selbst gemachten Erfahrungen aus leichter und schwerer siedenden Anilinölen ein passendes Oel herstellen.

Zur Beurtheilung eines Anilinöles nach den Siedepunkten verfährt man wie folgt.

Es werden 100$^{\text{Kcm.}}$ des Oeles abgemessen — man rechnet hier nach dem Maasse, da es in der Praxis nicht so genau darauf ankommt, die spezifischen Gewichte der Oele sich auch nicht so stark unterscheiden und es ausserdem ungleich bequemer ist — und in eine tubulirte Retorte gebracht, die mit einem Liebig'schen Kühler in Verbindung steht, in dessen Blechrohr die Retorte ohne Weiteres passt. Das Kühlrohr ist unten senkrecht abgebogen, und darunter steht ein in Cubikcentimeter eingetheiltes Glas, an dem man die Quantität der überdestillirenden Flüssigkeit ablesen kann. In den Tubulus der Retorte ist ein richtig graduirtes Thermometer eingesetzt.

Man kann nun leicht im Oelbade die Temperatur nach und nach steigern und die Temperaturen, sowie die zwischen ihnen übergehenden Oelmengen ablesen und notiren.

Ein in neuerer Zeit vorgeschlagenes Verfahren, die Güte des Anilinöls nach dem spezifischen Gewicht zu bestimmen, ist viel zu unsicher, um allein für Anilinölproben anwendbar zu sein, wenn ihr nicht andere Prüfungen zur Seite

---

1) Schwer und leicht gilt hier als schwer (hoch) und leicht (niedrig) siedend.

stehen. Dagegen ist sie bei schon gemachter Siedepunkts-
bestimmung ein nicht zu verachtendes Hülfsmittel, vorausgesetzt, dass die nöthigen Erfahrungen schon gemacht sind.

a Glasretorte; *b* Oelbad; *c* Liebig'scher Kühler; *d* Graduirtes Standgefäss, in Kubikcenti-
metres getheilt; *e* Thermometer.

Auf die angegebene Weise bestimmt man die einzelnen
Anilinölsorten und mischt daraus nach einer im Kleinen vorher gemachten Probe die für Fuchsin- und Blaufabrikation
vortheilhaften Oele.

Dass man, wie Chateau[1]) meint, die Siedepunkte schon
der Nitrobenzole bestimmt, um aus diesen wieder Aniline von
bestimmtem Siedepunkte zu erhalten, kommt wenigstens in der
Praxis gewiss nicht vor. Am allerwenigsten könnte man jedoch so subtil verfahren, die einzelnen Nitrobenzolchargen in
sechs verschiedenen Sorten zusammenzumischen. Ausserdem
wird aber auch wohl keine Anilinfabrik die Nitrobenzole von
einzelnen Siedepunkten in grösseren Massen vollkommen getrennt vorräthig halten.

Das Anilin muss eine hell- bis dunkelrothbraune
Färbung besitzen, darf aber niemals braunschwarz sein. Die
letztere Färbung deutet unter allen Umständen auf einen Theer-
gehalt, der für die Fabrikation von Farben gewiss nicht zuträglich sein kann. Gewöhnlich macht sich auch dabei ein
lebhafter Geruch nach Bitumen geltend, der auf die Anwesenheit von schweren Theerölen hinweist. Am besten wird man
über den Gehalt an schweren Theerölen etc. bei der Destillation klar und deshalb ist es unter allen Umständen erforder-

---

1) Bulletin de la société industrielle de Mulhouse. 1864. p. 97.

lich, jeden Posten Anilinöl genau zu prüfen, ehe man ihn zur Verarbeitung nimmt; die dabei angewendete geringe Mühe wird unter allen Umständen durch einen sichereren Erfolg reich belohnt.

Am Schlusse meiner Besprechungen über Anilin und käufliches Anilinöl halte ich es für Pflicht, ganz besonders auf die starke Giftigkeit des Anilins hinzuweisen. Prof. Letheby in London hat einige recht dankenswerthe Notizen[1]) über diesen Punkt veröffentlicht, die wir nicht säumen hier, so weit es thunlich, einzufügen.

Nach Letheby wirkt das Anilin betäubend und narkotisch auf den Organismus. Als Medizin in Gaben von 1 bis 7 Gran gereicht, wirkt es auf den Organismus des Kranken färbend ein. Das Gesicht desselben wird bläulich, die Lippen und das Zahnfleisch bläulichgrau, die Nägel purpurartig gefärbt u. s. f. Dabei sind die Salze des Anilins viel weniger giftig als das freie Anilin. Es war übrigens schon lange bekannt, dass das Nitrobenzol an sich nicht giftig ist und nur vergiftende Eigenschaften dadurch erhält, dass es im Magen des Vergifteten zu Anilin reducirt wird.

Man kann Anilinvergiftungen leicht nachweisen, wenn man die Magencontenta mit Wasser zerreibt, dem man etwas Schwefelsäure beigemischt hat. Nachdem man die Masse mit Kali wieder alkalisch gemacht hat, destillirt man, sammelt das Destillat und dampft es ein, wobei man aber die Vorsicht anwendet, die Flüssigkeit sauer zu machen, um das vorhandene Anilin zu binden. War Anilin in der Flüssigkeit vorhanden, so zeigt sich im Verlaufe des Eindampfens ein purpur- oder rosenfarbener Rand über dem Niveau der Lösung. $\frac{1}{2000}$ Gran Anilin kann man in dieser Weise noch mit Bestimmtheit nachweisen, wenn man die Platinschale, in der die Verdampfung stattfindet, mit dem positiven Pole einer galvanischen Batterie in Verbindung bringt, während man den negativen in die Flüssigkeit taucht. Da am positiven Pole hierbei Sauerstoff ausgeschieden wird, so oxydirt derselbe

---

1) Polyt. Centralbl. 1864, p. 72.

in statu nascenti das vorhandene Anilin und giebt damit gefärbte Verbindungen.

Wir wollen noch anführen, dass man in den Anilinfabriken
die Erfahrung machen kann, dass die Arbeiter derselben häufig
neben den Arsenikvergiftungen von Anilin oder dessen
Dämpfen herrührenden Krankheitsfällen viel zu leiden haben.

Fuchsin.

Obwohl der aus dem Anilin gewonnene rothe Farbstoff uicht der historisch zuerst entdeckte war, so müssen wir ihn doch, um bei unserem einmal eingeschlagenen Gange — die Bildung aus den verschiedenen Produkten — zu bleiben, zuerst erwähnen.

Wir wollen die verschiedenen Methoden betrachten, welche dazu dienen können, Anilinroth zu erhalten und die technisch werthvollen weitläufiger erörtern. Dabei ist zugleich zu bemerken, dass bis jetzt ein jedes Anilinroth als sogenanntes Fuchsin betrachtet werden muss, so lange das höchst unwahrscheinliche Gegentheil nicht nachgewiesen ist.

Was das für Fuchsinfabrikation angewendete Anilin betrifft, so hat Hofmann[1]) nachgewiesen, dass nur ein Gemisch von Anilin und Toluidin geeignet sei, Fuchsin zu bilden, so dass **weder reines Anilin noch aber auch reines Toluidin eine rothe Farbe zu erzeugen im Stande ist.**

Es ist demnach höchst wahrscheinlich, dass das Fuchsin ein Körper ist, der die Anwesenheit von Anilin und Toluidin in sich vereinigt. Welche Rolle diese beiden Körper jedoch im Fuchsin zuertheilt ist, können wir bis jetzt nur vermuthen.

Das Fuchsin erhielt seinen Namen von der Aehnlichkeit seiner Färbung mit der der Fuchsia coccinea und hiess ursprünglich Fuchsiacin. Daraus ist durch Abkürzung Fuchsin geworden. Wir wollen diesen Namen für alles bis jetzt dargestellte Anilinroth annehmen, da, wenn auch Unterschiede

---

1) Comptes rend. t. 56, p. 1062.

in demselben vorhanden, diese nicht von so grosser Bedeutung sind, um einer Aenderung des Namens rechtfertigen zu können.

Man beobachtete zuerst bei Einwirkung von wasserfreien Chloriden der anorganischen wie organischen Natur auf Anilin ein Auftreten rother Färbungen.

A. W. Hofmann stellte aus dem Anilin einen rothen Farbstoff dar, durch Erhitzen der Base mit Zweifach-Chlorkohlenstoff ($C\,Cl^2$) in einer geschlossenen Glasröhre. So erhielt er beim Einwirken von 1 Volumtheil Zweifach-Chlorkohlenstoff auf 3 Volumina Anilin bei 170—180° C., welche Behandlung er etwa 30 Stunden fortsetzte, eine weiche oder harte schwärzliche Masse, je nach der Dauer der Einwirkung.

Der so erhaltene Körper löst sich nur zum Theil in Wasser und hinterlässt einen bedeutenden Rückstand.

Die wässrige Lösung giebt mit Kali einen ölartigen, viel unverändertes Anilin haltenden Niederschlag. Befreit man denselben durch Kochen mit verdünnter Kalilauge von anhaftendem Anilin, so verwandelt er sich in ein zähes Oel, das nach uud nach krystallisirt und fest wird. Durch Waschen mit kaltem und Umkrystallisiren aus kochendem Alkohol wird dieser Körper vollkommen rein und weiss, während eine prachtvoll carmoisinrothe Substanz in Lösung geht.

Der in Wasser unlösliche Theil ist in Salzsäure leicht löslich, aus welcher Auflösungen von Alkalien ein schmutzigrothes Pulver füllen, das sich in Alkohol mit carmoisinrother Farbe löst.

Der oben erwähnte weisse Körper ist unlöslich in Wasser, schwer löslich in Aether und krystallisirt aus heissem Alkohol in vierseitig verlängerten Tafeln; er stellt eine Base von der Formel $C^{38}\,H^{17}\,N^3$ dar, die sich in Säuren löst, durch Alkalien aber jedesmal aus ihrer Lösung gefällt wird.

Hofmann drückt die Bildung der Base aus dem Anilin durch folgende Formel aus:

$$6\,(C^{12}\,H^7\,N) + 2\,(C\,Cl^2) = C^{38}\,H^{17}\,N^3\,.\,H\,Cl +$$
$$3\,(C^{12}\,H^7\,N\,.\,H\,Cl).$$

Es soll der dabei erhaltene rothe Farbstoff wesentlich verschieden sein vom gewöhnlichen Fuchsin. Nach Hofmann führt es auch wohl den Namen Hofmannsroth, jedoch scheint mir ein so grosser Unterschied beider Farbstoffe nicht vorzuliegen, ja es könnte sogar sein, dass durch die zufällige Anwesenheit des einen oder andern Körpers das Hofmannsroth etwas verschiedene Reactionen zeigte, jedenfalls möchte ich seinen Unterschied vom Fuchsin noch nicht für fest normirt erachten.

Nach Monnet und Dury in Lyon[1]) erzeugt man das erwähnte Roth in der Weise, dass man ein Gemisch aus 1 Theile Zweifach-Chlorkohlenstoff und 4 Theilen Anilin in einen mit Blei plattirten kupfernen Kolben oder eisernen Kessel bringt, dessen Sicherheitsventil sich bei einem Drucke von 6 Atmosphären öffnet. Man erhitzt auf 116—118°, bei welcher Temperatur das Sicherheitsventil gewöhnlich noch nicht spielt; es hört sogar nachher der Druck im Apparate ganz auf, so dass man alle Gewichte vom Sicherheitsventile entfernen kann, ohne dass Dämpfe entweichen. Zur völligen Umwandlung erhitzt man den Kessel einige Zeit auf 170—180°. Die ausgegossene zähe Masse, welche im auffallenden Lichte fast schwarz, im durchfallenden dagegen roth erscheint, wird nochmals mit Wasser ausgezogen und zur Reindarstellung gefällt.

Wie Hofmann durch Einwirkung von Zweifach-Chlorkohlenstoff, so erhielt Natanson[2]) schon im Jahre 1856 einen rothen Farbstoff mit Elaylchlorür aus dem Anilin. In einem geschlossenen Gefäss wurde das Gemisch von Elaylchlorür und Anilin auf 180—200° gebracht, wobei ein rother Farbstoff entsteht, der dem Fuchsin in jeder Beziehung gleich ist.

Wie hier die Chloride organischer Radikale, so sind auch die entsprechenden Verbindungen anorganischer Körper im Stande, Fuchsin zu erzeugen.

Die Firma Renard und Franc in Lyon erhielt am 8. April 1859 für Frankreich ein Patent auf ein Verfahren, Fuchsin mittelst Zinnchlorids zu erhalten. Das Zinnchlorid wurde im wasserfreien Zustande als sogenannter Spiritus fumans libavii mit Anilin gemischt 15—20 Minuten einer Temperatur von 180—200° ausgesetzt. Dabei wird die Mischung erst gelb und geht sonach allmählich in ein dunkles Roth über. Noch warm und flüssig giesst man die erhaltene

---

1) Dingler's polyt. Journ. 1861. Bd. 159. p. 392.
2) Annal. d. Chemie u. Pharm. 1856, Bd. 98, p. 291.

Farbmasse in Wasser, worin man sie aufkocht und sodann alle unlöslichen Stoffe ruhig absetzen lässt und filtrirt. Der Rückstand wird durch wiederholtes Auskochen völlig erschöpft. Die filtrirte Flüssigkeit enthält neben dem Farbstoffe Harz (!) und salzsaures Anilin gelöst. Um die Farbe rein zu erhalten, verfährt man so, dass man sie durch Zufügen von Salzen in fester Form zur Flüssigkeit aus ihrer Lösung fällt, da das Fuchsin in Salzlösungen schwer löslich ist.[1] Man setzt daher Kochsalz, Salpeter, weinsaures Natron oder Kali etc. zu, decantirt und filtrirt die vom Farbstoff befreite Lösung.

Zur Entfernung des Fällungssalzes wird der gefällte Farbstoff mit wenig kaltem Wasser behandelt, decantirt, der Farbstoff dann in vielem heissem Wasser gelöst und filtrirt. Beim Erkalten fällt zuerst das Harz heraus und sodann erst der Farbstoff, den man aus Alkohol umkrystallisirt und zuletzt in grünlich-bronzefarbenen Flittern erhält.

Jedenfalls ist eine so weitläufige Behandlung zur Erreichung eines reinen Farbstoffes im Grossen nicht durchzuführen; es wird auch wohl das angegebene Reinigungsverfahren nur in der Patentspecifikation durchgeführt sein.

Auf den bei dieser Bereitung statthabenden Prozess kommen wir an einer spätern Stelle zurück; ebenso auf die muthmassliche Zusammensetzung des Fuchsins.

Das zu diesem Prozesse erforderliche Zinnchlorid ($Sn\,Cl^2$) erhält man leicht, wenn man durch ein nicht zu enges Thonrohr, in dem sich granulirtes Zinn befindet, einen starken Chlorstrom leitet. Am besten verfährt man so, dass man einen lebhaften Chlorstrom, der vorher zur Trocknung durch concentrirte Schwefelsäure geleitet wurde, in die schon erwähnte Thonröhre durch eine engere Röhre einführt und den Zwischenraum der Röhren durch einen mit Paraffin imprägnirten Kork ausfüllt. Es ist alsdann leicht, nach Lüftung des Korkes der Röhre neues Zinn zuzuführen, ohne dass der Prozess lange unterbrochen zu werden braucht. Die Thonröhre erwärmt man schwach und leitet das gebildete Chlorzinn durch eine abgekühlte Glasröhre in den Recipienten. Die gewöhnlich durch

---

1) Wir werden diesen Punkt weiter unten noch zu erwähnen Gelegenheit nehmen.

etwas Eisen gelb gefärbte, stark rauchende Flüssigkeit kann ohne jede weitere Reinigung verwendet werden.

Das von Renard und Franc entnommene Patent bezieht sich nach Béchamp [1]) nicht allein auf Zinnchlorid, sondern überhaupt auf alle Chloride, Jodide, Bromide und Fluoride des Zinns, Quecksilbers, Eisens, sowie auf die schwefel-, salpeter- und chlorsauren Salze der genannten Metalle, also im Ganzen auf reducirbare Körper, so dass man einen Oxydationsprozess bei der Operation annehmen muss.

Fast dasselbe Verfahren und wahrscheinlich aus Renard, Franc & Co.'s Besitz in den seinen übergegangen, ist die Methode K. A. Broomann's, [2]) Fuchsin durch Behandlung von Anilin mit wasserfreiem Quecksilberchlorid, [3]) Titanchlorid oder Zinnbromid und Jodid zu erhalten, indem man die Mischung kocht. Es soll auf 1 Aeq. Anilin soviel von dem betreffenden Chloride, Jodide oder Bromide verwendet werden, dass der darin enthaltenen Salzbilder ebenfalls einem Aequivalente entspricht.

Nach dem Erkalten der behandelten Masse kocht man sie mit Wasser aus, das dadurch in eine durch den mit Säure verbundenen Farbstoff braungefärbte Lösung übergeht. Fällt man aus dieser Lösung den Farbstoff durch ein kohlensaures Salz alkalischer oder alkalisch-erdiger Natur, so geht die Färbung der Lösung in Roth über und der Farbstoff scheidet sich rein ab, besonders wenn seine Fällung durch Concentriren begünstigt wird.

Auch wasserhaltiges, krystallisirtes Zinnchlorid giebt, mit Anilin zum Kochen erhitzt, denselben rothen Farbstoff.

Broomann's Patent schliesst ausserdem die Erzeugung des Fuchsins nicht nur aus dem Anilin, sondern auch dem Toluidin, Cumidin und Xylidin durch Erhitzen mit schwefelsaurem Zinnoxyd, Quecksilberoxyd, den Nitraten des Urans und Eisenoxyds, so wie mit Quecksilberfluorid und Bromid, Zinnbromid etc. in sich ein. Am besten soll sich das Verhältniss von 3 Theilen des Salzes mit 4 Theilen der organischen Basis bewähren.

---

1) Dingler's polyt. Journ. 1860. Bd. 156. p. 309.
2) Repertor. of patent-invent. Aug. 1860. p. 112.
3) Der sogenannte Sublimat, Hydrargyrum muriaticum corrosivum.

Dass natürlich die letztangeführten Stoffe zu einer technischen Verarbeitung nicht geeignet sind, versteht sich wohl von selbst.

Das Verfahren Guido Schnitzer's[1]), der Anilin mit Quecksilberchlorid in einem eisernen Tiegel erhitzt, bis starkriechende Dämpfe sich entwickeln — d. h. bis die Erhitzung dem Kochpunkte des Anilins nahe gekommen ist — bietet nichts wesentlich Neues dar.

Bei allen diesen Verfahrungsarten hat man die Bemerkung gemacht, dass die Chlorverbindungen etc. der Metalle oder Radikale nach der Behandlung in minder gechlorte resp. desoxydirte Verbindungen übergegangen waren. Es lag daher sehr nahe, statt dieser Chlorverbindungen andere Körper z. B. Salze etc. anzuwenden, die im Stande seien, mit Leichtigkeit Sauerstoff abzugeben und so Anilinroth zu erzeugen. Wie schon Broomanns Patent Quecksilberoxydsalze — schwefelsaures Quecksilberoxyd — für die Darstellung der Farbe verwendet, so benutzt A. Schlumberger nach seinen Mittheilungen[2]) im Jahre 1860 das krystallisirte salpetersaure Quecksilberoxydul ($Hg^2 O . NO^5 + 2 HO$) zur Darstellung des rothen Farbstoffes. Er verwendete 100 Theile Anilin und 60 Theile salpetersaures Quecksilberoxydul zur Darstellung, indem er das Gemisch in einem Glaskolben zum Sieden erhitzte.

Mit Wasser behandelt, giebt die Masse das Fuchsin in Lösung, während eine harzige, violettbraune Masse im Rückstande bleibt.

Nach diesen Antecedentien ist es kein grosser Fortschritt zu nennen, wenn Thomas Perkins im November 1859 ein Patent für England ausnahm auf ein Verfahren, Anilinroth darzustellen durch Einwirkung von neutralem oder basischem salpetersauren Quecksilberoxydul oder Oxyd, schwefelsaurem Quecksilberoxydul oder salpetrigsaurem Quecksilberoxydul auf Anilin. Sechs bis acht Theile des basisch salpetersauren Quecksilberoxyduls — das zugleich Oxyd enthalten konnte — wurden mit circa 10 Theilen Anilin zur Siedhitze gebracht, wobei das Anilin sich in eine zähe bläulichrothe Farbe ver-

---

1) Chem. Centralbl. 1861. No. 40. p. 636.
2) Dingler's polyt. Journ. 157, p. 292.

wandelt, während sich Quecksilber am Boden ansammelt. Man kann die Farbe direkt ausgiessen und den erkalteten Teig in den Handel bringen.

Diesem Verfahren ganz analog bereitet Gerber-Keller[1] das Fuchsin[2] durch Einwirkung von salpetersaurem Quecksilberoxyd auf Anilin. Man erhitze, sagt er, ein Gemisch von 10 Theilen Anilin mit 7 Theilen trockenen und gepulverten salpetersauren Quecksilberoxydes 8—9 Stunden bei einer Temperatur von 100—106°. Während sich Quecksilber ausscheidet, entsteht aus dem Anilin Fuchsin. Die erkaltete carmoisinrothe Masse wird mit Wasser ausgekocht und nachher die Lösung krystallisiren gelassen. Es scheidet sich das Fuchsin in prachtvollen grossen, schuppenförmig übereinander gelagerten Octaëdern ab, die einen prächtigen Cantaridenglanz zeigen. Diese Krystalle kommen im Handel unter dem Namen Diamantfuchsin zuweilen vor und sind ein geschätzter Handelsartikel. Ueberhaupt wird das Quecksilberfuchsin nach dieser Manier noch vielfach fabricirt, um ein vollkommen giftfreies Färbepraparat für Conditoren, Zuckerbäcker etc. zu geben. Auch ist sie jedenfalls den meisten nicht ganz gut behandelten Arsenikfuchsinsorten in Betreff der Farbenbrillanz vorzuziehen.

Zu bemerken ist noch hierbei, dass man nach meinen Erfahrungen, um ein gutes Fuchsin in grossen Krystallen und eine brillante Farbe zu erzeugen, das Quecksilbersalz so trocken als nur immer möglich machen muss; denn es steckt in der häufig diesen Krystallen noch anhaftenden Mutterlauge noch immer so viel salpetrige Säure von der Bereitung her, um dem entstandenen Farbstoffe einen Stich ins Braune zu geben und der Präcision in Ausbildung der Krystalle bedeutend zu schaden. Es ist daher immer gut, die Krystalle des Quecksilbersalzes vor seiner Anwendung in einer Schale noch einmal scharf zu trocknen, wobei mit dem anhängenden Wasser auch die Spuren von anwesender salpetriger Säure mit fortgehen.

---

1) Répert. d. chim. appl. 1860. II. p. 52.

2) Er nennt es Azalein nach einem im Elsass vorkommenden Krapppräparate, im Wesentlichen aus Alizarin bestehend, das den Namen Azale führt.

C. H. Williams[1]) nahm am 29. Januar 1863 für England ein Patent aus auf ein Verfahren, **Fuchsin durch Einwirkung von phosphorsaurem oder essigsaurem Quecksilber darzustellen.** Es werden zu diesem Zwecke 2 Aequivalente eines Anilinsalzes, am besten essigsaures Anilin, mit einem Aequivalente phosphor- oder essigsauren Quecksilberoxydes gemischt und in einer Destillirblase unter Umrühren auf 116° erhitzt. Das übergehende Wasser wird dem Rauminhalte nach durch Anilin ersetzt und dann die Masse auf 160—182° erhitzt. Diese Temperatur hält man so lange an, bis die Farbe der Mischung sich nicht mehr steigert. Der Farbstoff wird aus seiner Lösung in Wasser durch Kochsalz gefüllt.

Ausserdem theilt der Patentträger noch folgendes Verfahren zur Fuchsindarstellung mit:

Ein Aequivalent schwefelsaures oder chlorwasserstoffsaures Anilin wird mit 2 Aequivalenten Wasser übergossen und darauf mit 3 Aequivalenten Anilin und 1 Aequivalent **arseniger Säure** vermischt. Das Gemisch bringt man in eine Blase mit Rührwerk und behandelt es im Uebrigen so, wie bei dem vorigen Verfahren beschrieben.

Auch **das salpetersaure Bleioxyd** spielt nach dem Patent von **Dale** und **Caro**[2]) eine Rolle bei der Darstellung von Fuchsin.

Das Anilin soll mit trocknem Salzsäuregase gesättigt und dann im Oelbade bis zu 190° Celsius $1-1\frac{1}{2}$ Stunden lang erhitzt werden, während man unter beständigem Umrühren trocknes, gepulvertes salpetersaures Bleioxyd zusetzt. Der Farbstoff ist in kochendem Wasser zu lösen und durch ein salpetersaures Salz (man darf hier wegen der bleihaltigen Lösung kein Kochsalz [Chlornatrium] anwenden, ebenso wenig ein schwefelsaures Salz) auszufällen.

In allen Fällen den direktesten Weg zur Oxydation des Anilins schlugen **Depouilly** und **Lauth** ein. Dieselben nahmen im Juni 1860 ein Patent auf **die Darstellung von Anilinroth mittelst Erhitzen von salpetersaurem**

---

1) London. Journal of arts Nov. 1863. p. 268. Dingler's polyt. Journ. 170, 442.

2) Für England im Mai 1860 patentirt.

Anilin auf 200° C. Um die sehr heftige Einwirkung der Salpetersäure auf das Anilin in Etwas zu mässigen, muss man einen Ueberschuss von Anilin anwenden. Jedoch soll das dabei erhaltene Roth von dem Fuchsin wesentlich verschieden sein.

Ein gewiss einmal für die Praxis hohe Wichtigkeit erlangendes Verfahren ist eine für E. J. Hughes im Januar 1860 patentirte Methode, Anilinroth mittelst Salpetersäure darzustellen.

Es war allerdings bekannt, dass die Salpetersäure unter Umständen einen rothen Farbstoff mit dem Anilin erzeugen könne, es gebührt jedoch dem Patentträger in jedem Falle das Verdienst, die bekannten Reactionen für ein brauchbares Fabrikationsverfahren nutzbar gemacht zu haben. Nach dem Patente erhitzt man in einer Retorte ein Gemisch von 100 Th. Anilin und 32,5 Theilen Salpetersäure von 1,36 spezifischem Gewicht auf 150—200° Celsius. Nachdem alles vorhandene Wasser, das zugleich einen kleinen Theil des Anilinöls mit sich reisst, überdestillirt ist, erhält man den Retorteninhalt etwa eine Stunde im Sieden, wobei sich eine dicke, dunkelrothe syrupsartige Masse erzeugt. Das gewonnene Produkt wird mit einer Auflösung von kohlensaurem Natron in Wasser so lange behandelt, bis es neutral ist. Man erhitzt sodann 20 Theile reines Wasser zum Kochen und setzt während des Siedens 1 Theil des Produktes zu, und fährt so lange mit der Erhitzung fort, bis sich alles Harz an der Oberfläche angesetzt hat und abgeschöpft worden ist. Die Lösung wird alsdann filtrirt und setzt beim Erkalten einen Teig von grünlichem Reflexe ab, den man trocknet und zerkleinert in den Handel bringt.

Auch mit Königswasser, $NO^2 Cl$, ist es möglich gewesen, Fuchsin sowie violette und blaue Farben durch Einwirkung auf Anilinöl zu erhalten. Blackley soll in der That gute Resultate mit diesem Verfahren erzielt haben, jedoch ist noch nichts Näheres darüber bekannt geworden. Auch Watson arbeitete über denselben Gegenstand.[1]

Wir kommen endlich an diejenigen Fabrikationsmethoden, welche augenblicklich fast allein in der Anilintechnik zur Darstellung des Fuchsins angewendet sind; ich

---

1) Polyt. Centralbl. 1864. p. 703.

meine diejenigen, welche sich auf die Einwirkung der Arseniksäure auf Anilinöl gründen.

H. Medlock's Patent, welches der Patentträger im Januar 1860 für England ausnahm, schreibt vor, 2 Theile Anilin mit 1 Theile wasserfreier Arseniksäure zu mischen, das Gemenge stehen zu lassen, oder auch nahezu auf seinen Siedepunkt zu erhitzen, bis es eine satte Purpurfarbe angenommen hat. Man mischt es sodann mit kochendem Wasser und filtrirt die erhaltene Lösung, wobei ein theeriger, purpurrother (!) Farbstoff auf dem Filtrum zurückbleibt, den man in Alkohol lösen und noch so gewinnen kann.

Man soll auch das Gemisch von Arsensäure mit Anilinöl nach dem Erhitzen erkalten lassen, und dann mit Wasser behandelt, direkt zum Färben benutzen (!).

Es muss jedem Leser, der einen Einblick in die später zu beschreibende Fabrikation des Fuchsins der Jetztzeit gethan hat, auffallen, wie ungenügend die vorgeschriebene Reinigungsmethode des Farbestoffes ist, ja man wird sich sagen müssen, dass es nach den heutigen Erfahrungen geradezu unmöglich ist, aus dem erhitzten Gemische von Anilin und Arseniksäure einen rein roth färbenden Farbstoff durch direkte Behandlung mit Wasser zu erzielen.

Das Patentverfahren muss daher entweder gar nicht genau geprüft worden sein, oder die angegebene Methode enthält, wie so viele andere Patente, eine Mystification.

Ein zweites Patent auf die Gewinnung von Fuchsin mittelst Einwirkung von Arseniksäure auf Anilin nahmen C. Girard und G. de Laire in Paris für Frankreich.[1]

Nach ihnen soll man in Wasser gelöste Arseniksäure (12 Theile trockne Arseniksäure und 12 Theile Wasser) mit 10 Theilen Anilinöl (man bemerke, wie die Menge der Arseniksäure in diesem Patent gestiegen ist) mischen und auf eine Temperatur von 120° bringen, bei welcher die Einwirkung hauptsächlich vor sich gehen soll. Man steigert schliesslich die Temperatur bis auf 160°, welchen Hitzgrad man nicht überschreitet (!). Nach 4—5 Stunden ist die Operation als beendet anzusehen, und man hat eine vollkommen gleichartige Masse, die unter 100° noch flüssig bleibt (also schon eine

---

1) Dingler's polyt. Journ. Bd. 159. p. 229, 452.

eigentliche Schmelze). Beim Erkalten erstarrt sie und nimmt einen lebhaften Bronzereflex an.

Die Substanz ist in Wasser sehr löslich; sie ertheilt demselben eine rein rothe Farbe (!), ohne Beimischung von Violett und von solcher Intensität, dass eine kochende concentrirte Lösung schwarz erscheint.[1]

Das in jetziger Zeit für die Fuchsinfabrikation fast einzig angewendete Verfahren besteht im Wesentlichen in Folgendem.

Ein gusseiserner Destillationsapparat, bestehend aus Kessel und abnehmbarem Helm, der wieder seinerseits mlt einem Kühlapparate in Verbindung steht, dient für die Fabrikation. Im Helm befinden sich zwei Oeffnungen; die Eine am Scheitel des Helmes dient dazu, einen Rührer zu geeigneter Zeit einführen zu können, während eine seitlich dicht über dem unteren Rande des Helmes angebrachte Oeffnung zur Aufnahme eines Thermometers dient, dessen Kugel in der geschmolzenen Masse steckt. Während der Operation selbst ist die obere Oeffnung mit einem Kork verschlossen. Der Kessel ist seinerseits in einen zweiten weiteren Kessel eingehängt, der, mit Oel gefüllt, die Rolle eines Oelbades spielt. Man verwendet als Füllungsmittel gewöhnlich Palmöl. Der Destillationsapparat wird für die Operation mit 100 Theilen Anilin und 200 Theilen Arseniksäure beschickt. Man sieht, dass sich hier die Menge der Arseniksäure zu der bei den angeführten Patentverfahren angewendeten bedeutend vergrössert hat.

Je nach der Grösse des Betriebes wird der Kessel mit 100 Pfd., 50 oder 25 Pfd. Anilinöl und der entsprechenden Menge Arseniksäure beschickt.

Ist dies geschehen, so setzt man den Helm auf, verbindet ihn mit dem Kühlapparate und erhitzt zuerst gelinde, dann stärker, bis die Temperatur 160—180° erreicht hat, bei der man sie erhält.

Es destillirt dabei fortwährend Wasser und Anilinöl über, dessen Menge sich lediglich nach der grösseren oder geringeren Leichtigkeit richtet, mit der das Anilinöl siedet.

Ebenso richtet sich die Grösse der Operationsdauer ledig-

---

1) Ich verweise in Betreff der Farbe, die die ausgekochte Schmelze geben soll, auf das bei dem vorigen Verfahren Erwähnte.

lich nach dem angegebenen Umstande. Bei leichter siedendem Anilinöle braucht man eine Zeitdauer von sechs, ja manchmal sogar von nur fünf Stunden, wogegen man bei schwerem Anilinöl oft mit zwölf Stunden die Operation noch nicht beendigt hat.

a Destillationskessel mit abnehmbarem Helm; *b* Oelbad; *c* Thermometer; *d* Kühlfass mit Schlange.

Während der ganzen Reactionsdauer der Charge muss fortwährend mit dem Thermometer geprüft werden, ob nicht etwa die Temperatur der Masse gestiegen oder gesunken ist, in welchem Falle man durch Regulirung des Feuers nachhilft.

Von Zeit zu Zeit fährt man mit einem hölzernen Stabe bis auf den Boden des Kessels und rührt die darin befindliche Schmelzmasse tüchtig um.

Je nach dem Fortschritte der Reaction zieht man in längeren oder kürzeren Pausen Probe.

Diese besteht darin, dass man mit einem hölzernen oder eisernen Stabe etwas von der geschmolzenen Masse herausschöpft und völlig erkalten lässt. Dabei muss die Masse eine reine Bronzefarbe zeigen und darf vor allen Dingen nicht schwarz erscheinen. Sobald sich aber der Bronzelüstre zeigt, muss auch die Schmelze aus dem Kessel genommen werden, da ein ferneres Verweilen in dem erhitzten Kessel nur nachtheilig wirken kann.

Während der ganzen Dauer der Operation destillirt je nach der Zusammensetzung des Anilinöls mehr oder weniger eines Anilinöls mit Wasser gemengt über, das ziemlich leicht siedend ist und gewöhnlich für sich nicht zur Fuchsinfabrikation verwendet werden kann. Man sammelt die abdestillirende milchige Flüssigkeit, lässt das Anilinöl absetzen, zieht es ab und benutzt es gewöhnlich zum Versetzen schwieriger siedender Anilinölsorten.

Zeigt die genommene Probe, dass die Schmelze gut ist, so nimmt man den Helm ab und schöpft die halbflüssige Masse aus. Um die Arbeiter den Dämpfen der Masse, welche immer mehr oder weniger arsenikalisch sind, nicht zu lange Zeit auszusetzen, benutzt man einen möglichst grossen Löffel mit langem Stiele zur Ausschöpfung des Kesselinhalts.

Man schöpft die Masse in einen Kasten aus Eisenblech oder Holz, den man mit Papier auslegt, um ein Anhaften zu vermeiden und lässt sie erkalten. Nach dem Erkalten stellt die sogenannte „Schmelze“ eine kompakte, matt bronzeglänzende Masse dar, deren Farbe fast gelb sein muss. Sie ist spröde und lässt sich leicht mit einem Hammer in Stücke schlagen.

Der so dargestellte Körper ist ein Gemenge von Fuchsin, Arsenik- und arseniger Säure,[1]) zugleich aber auch noch vermischt mit harzigen Farbstoffen, die gelb und schmutzig violett zu färben im Stande sind.

Behandelt man die Schmelze ohne Weiteres mit Wasser, so bekommt man eine schmutzigrothe Lösung, die eingesenkte Wolle und Seide nicht roth, sondern rothbraun, beinahe havannahbraun färbt. Es wird das bewirkt durch die Anwesenheit des braunfärbenden, harzigen Körpers, und es ist das der Grund, warum die von den Patentträgern des Medlock'- und Girard-Delaire'schen Patents gemachte Angabe, man könne mit der wässerigen Lösung der Schmelze direkt rein roth färben, unrichtig sein muss.

Man muss also nach dem Gesagten das Fuchsin von dem anhängenden Harze befreien, um eine schön rothe Farbe zu gewinnen, die um so besser sein wird, je mehr es gelungen ist, das Harz vollständig zu entfernen.

Für diesen Zweck wird die Schmelze mittelst des Hammers zerkleinert und in einen Bottich gebracht, in welchem

---

1) Die Areniksäure ist, wenn auch nur zu einem geringen Theile, in arsenige Säure übergegangen.

man sie mit Wasser übergiesst und mit Dampf erhitzt. Dabei löst sich, während man zugleich beständig rührt, das Fuchsin auf, während das Harz zum grössten Theile znrückbleibt. Zugleich wird dem Wasser zur Bindung des Arseniks eine der Arseniksäure entsprechende Menge Kalk als Schlemmkreide oder Kalkbrei zugefügt. Dieser nimmt die Arseniksäure zum grossen Theile auf und setzt sich mit dem Harze zugleich am Boden ab.

Ist das Wasser mit Farbstoff gesättigt — es ist in diesem Falle eine bei auffallendem Lichte vollkommen goldig schimmernde Brühe — so filtrirt man die Lösung in die Krystallisirbottiche, um die etwa mit aufgekochten Harztheile sowie Kalk oder sonstige Unreinigkeiten zurückzuhalten und fährt mit der Zugabe neuen Wassers so lange fort, bis die Schmelze erschöpft ist.

Das übriggebliebene Harz mit dem anhängenden Arsenikkalke giebt man gewöhnlich den Arsenikrückständen zu.

Das Sondern der verschiedenen Laugen sowie ihre Zwischenbehandlung ist fast für jede einzelne Fabrik verschieden und zum Theil Privatgeheimniss; wir können uns damit also ebenso wenig hier beschäftigen, wie mit vielen anderen anscheinend nebensächlichen Operationen, die aber für die Gewinnung einer möglichst grossen Quantität guten Farbstoffes von grösster Bedeutung sind.

Ein grosser Uebelstand beim Filtriren ist die rasche Verstopfung der Filtra mit dem Harze, die eine lange Zeit eine grosse Beschwerde der Fabriken war; man hat sich jedoch in neuerer Zeit vielfach durch Construction passender Filtrirapparate gegen ein solches Verstopfen gesichert.

Die Behandlung der Lauge in den Krystallisirbottichen kann auf mehrerlei Weise geschehen, je nachdem das Präparat ist, das man erzielen will.

Um gute, schöne Krystalle zu haben, lässt man die Lösung ohne Weiteres erkalten, wobei das Fuchsin in grossen Krystallen anschiesst, am schönsten, wenn man Stäbchen in den Bottich hineingestellt oder Schnüre, wie bei der Gewinnung des Kandiszuckers, gezogen hat.

Die Krystalle haben einen schönen, grüngoldenen Lüstre und kommen dem sogenannten Diamantfuchsin beinahe an Schönheit gleich.

Die abgezogene Lauge wird zur weiteren Gewinnung von Fuchsinkrystallen noch eingedampft und krystallisiren gelassen.

Kommt es dagegen darauf an, möglichst viel Fuchsin in geringer Zeit zu gewinnen, ohne dass auf grosse Krystalle oder besondere Farbenlebhaftigkeit ein grosses Gewicht gelegt wird, so wendet man die Methode des Aussalzens an.

Sie besteht darin, dass man die Lauge in den Krystallisirbottichen mit 3—4 pCt. vom Gewicht des zur Lösung angewendeten Wassers an Kochsalz versetzt. Nachdem die Lauge 3—4 Tage gestanden hat, ist sie zwar noch stark roth gefärbt, jedoch des grössten Theiles ihres Fuchsins beraubt, das sich in kleinen Krystallflittern an Wand und Boden des Bottichs abgesetzt hat.

Die Lauge wird klar abgegossen und die zurückbleibenden Krystalle vom Bottich losgeschlagen.

Auch aus dieser sehr dünnen Brühe ist es noch möglich, fast allen darin enthaltenen Farbstoff zu gewinnen; doch können wir die zu diesem Zwecke angewendeten Methoden hier nicht weiter erörtern.

Nach möglichst vollständiger Erschöpfung an Fuchsin muss die Lauge wenigstens den preussischen Gewerbevorschriften zufolge abgedampft und der Abdampfrückstand nebst dem vorher gewonnenen Arsenikkalke, in Fässer gepackt, in die Nordsee versenkt werden.

Nach einer früher gewöhnlich eingeschlagenen Methode löste man die Schmelze mit verdünnter Salzsäure auf und schlug durch Neutralisation mit Aetz- oder kohlensaurem Natron den grössten Theil des Farbstoffes nieder.

Nach einer Mittheilung Habedank's[1]) kocht man die Schmelze direkt mit einer Lösung von 5 Theilen Kochsalz auf 1 Theil Arseniksäure in Wasser und erhält so eine Auflösung von Natronarseniat mit Fuchsin in Lösung, während die übrige Schmelze sich am Boden geschmolzen ansammelt. Aus dem ersten Auszuge fällt man das sehr unreine Fuchsin aus und bringt erst die folgenden Auszüge zur Krystallisation.

Die Ausbeute an Fuchsin schwankt bei gut geleitetem Prozesse zwischen 29 und 33 pCt. vom angewendeten Anilinöl; man bringt es manchmal beinahe bis 35 pCt., natürlich

---

1) Polyt. Centralbl. 1864, 408; Dingler's polyt. Journ. 171, 73.

durch Zuhülfenahme von Methoden, deren Beschreibung uns an dieser Stelle versagt ist. —

Es liegt in keinem Falle die Idee sehr fern, die äusserst giftige Arseniksäure durch einen minder gefährlichen, ihr in jeder Beziehung aber ganz ähnlichen Stoff zu ersetzen. Seit dem Jahre 1860 ersetzte R. Smith (nach einem für England zu dieser Zeit genommenen Patent) die Arseniksäure durch die ihr höchst ähnliche Antimonsäure. C. Sieberg[1]) theilt im Jahre 1864 das Verfahren mit.

Die dazu erforderliche Antimonsäure wird aus sehr fein gepulvertem Antimon mittelst rauchender Salpetersäure bereitet. Die in grosser Masse entwickelten Untersalpetersäuredämpfe werden gänzlich zur Fabrikation von Schwefelsäure benutzt. Zu diesem Zwecke sind muffelartige, aus feuerfesten Steinen erbaute Oefen mit den Schwefelsäurekammern verbunden; ein solcher Ofen wird von aussen geheizt, damit keine Feuergase in den inneren Raum gelangen können. Zu diesem führen zwei Thüren; am einen Ende desselben befindet sich ein Abzugskanal, durch welchen die entwickelten Gase in die Schwefelsäurekammern geführt werden; auf der Sohle des Ofens ist eine grosse, drehbare, gusseiserne Scheibe angebracht. Zur Bereitung der Antimonsäure dienen Schüsseln von Steinzeug, welche mittels Romancement dicht in gusseisernen Schüsseln von derselben Gestalt eingesetzt sind, wodurch ein Zerbrechen fast ganz vermieden wird. Eine solche, vorher erwärmte Schüssel wird mit 6 Pfund Antimon beschickt und in eine Thür des Ofens eingesetzt; dann werden unter starkem Umrühren ungefähr 2 Pfund Salpetersäure zugegeben; sobald die stärkste Einwirkung vorüber ist, wird eine neue Portion Säure zugesetzt und so fortgefahren, bis die nöthige Qnantität Salpetersäure verbraucht ist. Auf 6 Pfund Antimon gebraucht man 29 Pfund rauchender Salpetersäure von 1,44 spezifischem Gewichte; weniger würde auch genügend sein, aber der Erfolg ist sicherer, wenn diese Quantität gebraucht wird; zudem betragen die Kosten der Salpetersäure fast Nichts, da sie ja nebenbei zum Betriebe der Schwefelsäurekammern dienen muss. Ein Gehalt von Schwefelsäure in der Salpetersäure ist nachtheilig, übermässiger Chlorgehalt auch.

---

1) **Polyt. Centralbl.** 1864, p. 754.

Das Zufügen der Salpetersäure dauert ungefähr eine halbe bis drei Viertelstunden; beständiges Umrühren ist nöthig und soll auch noch eine halbe Stunde, nachdem alle Säure zugesetzt ist, unterhalten werden. Der Inhalt der Schüssel ist nun eine weisse, durch überschüssige Salpetersäure flüssige Masse. Diese Schüssel wird jetzt auf die erwähnte drehbare Scheibe gestellt, die Scheibe um die Breite der Schüssel umgedreht, eine neue Schüssel mit 6 Pfund Antimon in die Thür eingesetzt und dieses ebenso mit Salpetersäure behandelt. Diese Operation wiederholt sich in regelmässigen Zwischenräumen; das entwickelte Untersalpetersäuregas gelangt dadurch in regulirter Quantität in die Schwefelsäurekammern. Nach ungefähr zwölf Stunden hat die Scheibe eine Dreiviertelumdrehung gemacht; die erste Schüssel ist dann an die andere Thür des Ofens gelangt, wird dort herausgenommen und entleert. Der Inhalt ist ein trockenes, weisses Pulver, welches jetzt in Quantitäten von ungefähr 100 Pfund in eisernen Retorten so lange schwach geglüht wird, bis jede Spur von Salpetersäure und Wasser verschwunden ist. Die Retorten werden fortwährend in einer dunklen Rothglühhitze gehalten. Die jetzt fertige Antimonsäure ist ein schön gelbes Pulver und wird, noch ehe sie vollkommen erkaltet, zur Darstellung des Anilinroths verwendet.

Die Bereitung des salzsauren Anilins geschieht durch Vermischen von 8 Raumtheilen Anilin mit 9 Raumtheilen gewöhnlicher Salzsäure von 1,165 specifischem Gewicht und Verdampfen der Lösung auf dem Sandbade, bis sich dichte, weisse Dämpfe zeigen. Nach dem Erkalten ist es eine feste, spröde Masse, die sich leicht in Stücke schlagen lässt.

Der Apparat zur Darstellung des Anilinroths ist sehr einfach. Konische Gefässe von Steinzeug von ungefähr 160 Pfd. Wasserinhalt sind mittelst Romancement in dicht anschliessende gusseiserne Gefässe von derselben Form eingesetzt und diese befinden sich in einem gusseisernen Kessel, welcher rohes Paraffin enthält und als Oelbad dient. Die Temperatur dieses Bades wird auf 240 ° Celsius gehalten. Jedes dieser Gefässe hat einen dicht, aber lose aufliegenden Deckel, der durch einen leicht abnehmbaren Bleihelm mit einer in Wasser liegenden Bleiröhre verbunden ist; das andere Ende dieser Röhre steht in Verbindung mit einem der grossen Schornsteine der Fabrik,

wodurch alle im Apparat entwickelten Anilin- und Wasser-
dämpfe in die Condensationsröhre gesaugt werden. Ein solches
Gefäss wird mit 50 Pfund salzsaurem Anilin beschickt und
nachdem dieses völlig geschmolzen ist, werden 64 Pfund Antimonsäure, in 4 Portionen getheilt, zugesetzt. Jede Stunde
wird ein Theil der Antimonsäure zugegeben, so dass also das
Zufügen der Säure 4 Stunden in Anspruch nimmt. Die Säure
muss tüchtig mit einer dünnen eisernen Stange in das salzsaure Anilin eingerührt werden; das Umrühren wird ungefähr
alle zehn Minuten wiederholt. Die Einwirkung der Antimonsäure ist anfangs heftig, wird aber bald ruhiger und hört nach
5—6 Stunden vollständig auf. Das Produkt wird mit kupfernen Löffeln ausgeschöpft; es besteht aus einer steifflüssigen
Masse, welche einen schönen Bronzeglanz besitzt und nach
dem Erkalten spröde und leicht zu pulverisiren ist. Während
der Operation haben sich in der Kondensationsröhre ungefähr
5—6 Pfund Anilin und 4—5 Pfund etwas salzsaures Anilin
enthaltendes Wasser verdichtet, die bei der Reaction entstanden sind.

Die rohe Farbe wird in einer durch Dampf getriebenen
Pulverisirmaschine fein gemahlen, dann mit 45 Pfund krystallisirtem kohlensauren Natron vermischt und langsam 60 Pfund
Wasser zugesetzt; die Mischung schäumt durch entweichende
Kohlensäure auf, sie wird mittelst Dampf auf ungefähr 80° C.
erwärmt und unter öfterem Umrühren eine Stunde lang auf
dieser Temperatur gehalten, dann absetzen gelassen und auf
baumwollene Filter gebracht, auf welchen die rohe Farbe noch
einige Male mit Wasser übergossen wird, um alle Natronsalze
zu entfernen. Sie wird jetzt in kupfernen, durch Dampf erhitzten Pfannen mit 600 Pfd. Wasser ausgekocht, absetzen gelassen und filtrirt, nochmals mit 400 Pfd. Wasser ausgekocht
und filtrirt; beide Abkochungen kommen vereinigt in flache,
bleierne Krystallisirgefässe. Eine dritte Abkochung wird noch
mit 200 Pfund Wasser gemacht, aber gesondert gehalten, und
der in ihr enthaltene Farbstoff durch Kochsalz gefällt. Die
beiden ersten Abkochungen bleiben in dem Krystallisirgefässe
24 Stunden, dann wird die Mutterlauge filtrirt und die ausgeschiedenen Anilinrothkrystalle werden auf dem Filter gesammelt.

Die Ausbeute beträgt durchschnittlich 14—15 Pfd. feuchter Farbe, welche etwas mehr wie die Hälfte trockenen Farbstoff enthält. Früher gebrauchte die Smith'sche Fabrik selbst fabrizirtes Anilin, das sehr rein war, aber die Ausbeute kam nie über 12 Pfd. feuchter Farbe von einer Charge; seit letzter Zeit gebrauchte sie grösstentheils französisches Anilin, welches äusserst unrein ist, aber mehr Farbstoff produzirt; manchmal steigt die Ausbeute auf 25 Pfund feuchter Farbe.

Die Mutterlauge wird 3—4 Mal zur Auskochung neuer Chargen benutzt, dann aber der in ihr enthaltene rothe Farbstoff durch Kochsalz ausgefällt. Dieser Farbstoff hat eine zwischen Anilinroth und Scharlach liegende Nüance und wird manchmal als solcher in Lösung verkauft; diese Farbe ist aber nicht schön und deshalb benutzt Smith ihn schon seit 2 Jahren, um Anilinbraun darzustellen. Zu diesem Zwecke wird 1 Theil salzsaures Anilin zum Schmelzen erhitzt, dann werden $1\frac{1}{2}$ Theile dieses Farbstoffes zugesetzt, wonach man so lange auf dem Sandbade erhitzt, bis die braune Farbe entstanden ist. Das Produkt wird mit 2 Theilen krystallisirtem kohlensauren Natron und 50 Pfd. heissem Wasser vermischt, gut umgerührt, die Salzlösung abgegossen und das Braun mehrere Male mit Wasser gewaschen; es besteht jetzt aus einer schwarzbraunen theerigen Masse. 10 Pfd. dieses rohen Brauns werden in 80 Pfund Weingeist gelöst, dann 120 Pfund Wasser zugesetzt und gut umgerührt; die nach dem Absetzen klare Lösung ist zum Verkaufe fertig, sie giebt ein sehr schönes Braun.

In Schottland wird meistens die salzsaure Lösung des Anilinroths zum Färben und Drucken benutzt. Ihre Darstellung geschieht durch Erwärmen von feuchter Farbe mit dem halben Gewichte gewöhnlicher Salzsäure, Zufügen der nöthigen Quantität heissen Wassers, Erkaltenlassen und Filtriren. Soll das Anilinroth eine mehr bläuliche Nüance besitzen, so wird die feuchte Farbe zuerst mit ihrem halben Gewichte gewöhnlicher Essigsäure angerührt, dann 10 Theile Wasser zugegeben, gut umgerührt und filtrirt. Die Essigsäure und das Wasser nehmen einen mehr rothen Farbstoff weg, welcher in geringer Menge den Krystallen anhängt. Der Verlust an Gewicht, den das Anilinroth durch diese Waschung erleidet, ist kaum wahrnehmbar. Nach dem Filtriren der salzsauren Lösung bleibt auf dem Filter ein schwarzbraunes Pulver zurück. Dieses wird mit konzentrirter Schwefelsäure vermischt, dann viel Wasser zugegeben, filtrirt und nochmals mit Wasser ausgewaschen; das so gereinigte Pulver wird in kochendem Wasser gelöst und filtrirt. Die Lösung hat nach dem Erkalten ein grünes Pulver abgesetzt, welches, in Weingeist aufgelöst, verkauft wird. Es giebt auf Wolle und Seide eine schöne Purpurfarbe.

Der Rückstand in den Pfannen nach dem Auskochen des Anilinroths besteht aus metallischem Antimon, Antimonoxyd und einem schmutzig violettrothen Farbstoffe, für welchen man noch keine Verwendung gefunden hat. Das Ganze wird in einem Reverberirofen so lange geröstet, bis alle organische Substanz zerstört ist. Das gebildete Antimonoxyd wird mit kohlensaurem Natron, Kochsalz und Kohle vermischt, in einem andern Ofen zu metallischem Antimon reducirt. Man kann auf diesem Wege mehr als zwei Drittel des angewendeten Antimons wiedererhalten.

Wir haben diese Methode etwas ausführlich aufgenommen, weil sie uns von grosser technischer Wichtigkeit erscheint und zugleich eine Menge von Angaben darin enthalten sind, die auch für jeden andern Betrieb von Nutzen sein können.

Auch das salpetersaure Antimonoxyd $(2\,Sb\,O^3)\,.\,NO^5$ hat man zur Darstellung von Fuchsin verwendet. Nach Gratrix soll man 5 Theile Anilin mit 4 Theilen salpetersauren Antimonoxydes (entstanden durch Uebergiessen von Antimonoxyd mit rauchender Salpetersäure in Gestalt weisser krystallinischer Blättchen) vermischen und die Mischung bis 82° Celsius erhitzen. Die Flüssigkeit wird nachher abgegossen und etwa zehn Minuten lang bis 177° Celsius erhitzt. Der hierbei entstandene rothe Farbstoff kann durch geeignete Lösungsmittel ausgezogen werden. Statt der gedachten Antimonverbindung ist auch salpetersaures Nickeloxyd angewendet worden.

Hierbei scheint jedoch das Antimon als solches gar nicht in Betracht zu kommen. Da nämlich das salpetersaure Antimonoxyd eine Verbindung von sehr schwacher Affinität ist, so wird sie sich beim Vermischen mit dem Anilinöle sogleich in Antimonoxydhydrat verwandeln, das zu Boden fällt, und salpetersaures Anilin kann oben abgegossen werden. Es bewirkt sogar schon Wasser eine Zersetzung des gedachten Präparates. Danach würde sich das Verfahren als vollkommen identisch mit dem vorher beschriebenen von E. J. Hughes 1860 für England entnommenen Patente (siehe pg. 60) erweisen. Es muss jedoch ebenso wie dieses nicht recht praktisch sein, da bis jetzt in der Praxis noch so gut wie gar Nichts davon verlautet.

Der Vollständigkeit wegen wollen wir hier noch einige Methoden anführen, die, wenn auch technisch nicht anwendbar, doch nicht ohne Interesse für uns sind.

Destillirt man Kleie, Mehl, Sägespähne oder andere dem ähnliche Körper mit einem Gemisch ihres halben Gewichtes Schwefelsäure und dem gleichen Wasser, neutralisirt das erhaltene saure Destillat mit Kali und destillirt nochmals, so gehen mit dem Wasser Oeltropfen über, die man durch Chlorcalcium vom Wasser befreien kann. Der so erhaltene Körper, über dessen Natur man noch nicht im Klaren ist, ist das Furfurol[1]) oder so genannte künstliche Ameisenöl. Seine empirische Formel ist $C^{10} H^4 O^4$. Es ist ein farbloses an der Luft sich braunfärbendes Oel von 1,165 spezifischem Gewicht und einem Siedepunkte von 163° C. Es löst sich in 12 Theilen Wasser, ebenso in Weingeist und Aether.

Durch Einwirkung der wässrigen Lösung des Furforols auf Anilin[2]) erhielt Stenhouse eine schöne rothe Farbenreaktion, die Persoz weiter verfolgte. Es gelang ihm, den rothen Farbstoff dadurch zu isoliren, dass er die durch Einwirkung einer wässrigen Furfurollösung auf essigsaures Anilin erhaltene rothe Flüssigkeit sich selbst überliess, wobei ein pechartiger Körper sich an den Wänden des Gefässes ablagerte, während die Flüssigkeit sich völlig entfärbte. Diese Masse hat an der Oberfläche einen den Cantariden ähnlichen Metallglanz und stellt den reinen Farbstoff dar.

Unlöslich in Wasser, ist er doch in Alkohol, Holzgeist, sowie in Essigsäure leicht zu lösen.

Der Farbstoff unterscheidet sich jedoch, obgleich er Wolle und Seide fast in derselben Weise färbt wie das Fuchsin von diesem dennoch in sehr auffallender und zugleich für seine Anwendung höchst nachtheiliger Weise; es verbleicht nämlich schon nach wenigen Stunden auf der Zeugfaser, auch wenn man die gefärbten Stücke dem Lichte entzieht.

---

1) Kleienöl von Furfur die Kleie.
2) Répert. d. Chimie appl. II. p. 220.

Höchst interessant ist eine von Fr. Fol[1]) angegebene Darstellungsweise des Fuchsins. Derselbe benutzt zur Bildung des Anilinroths den lose gebundenen Antheil des Sauerstoffes im Indigo, durch dessen Verlust dieser blaue Farbstoff in das Indigweiss übergeht, ein Prozess, der bei der Indigoküpenfärberei durch Anwendung einer Lösung von schwefelsaurem Eisenoxydul herbeigeführt wird. In ähnlicher Weise wie auf diese Lösung wirkt der Indigo auch auf Anilinöl, das man bis auf seinen Siedepunkt (180°) erhitzt hat. Es bildet sich Fuchsin, während zu gleicher Zeit das Indigoblau in Indigweiss übergeht. Dieses letztere ist nun in Anilinöl löslich und bewirkt, indem es sich wieder in Indigoblau zurückverwandelt, eine Reduction resp. Substitution des Anilinroths; es entsteht daher bei längerem Erhitzen des gebildeten Anilinroths mit dem entstandenen Indigweiss Anilinviolett.

Endlich stellte auch Köchlin[2]) einen dem Fuchsin sehr ähnlichen Körper durch Einwirkung von rohem Holzessig oder Holztheer auf Anilinöl dar. Wahrscheinlich spielt hier das anhängende Empyreuma die Hauptrolle. Leider fehlen bis jetzt weitere Nachrichten.

Im Jahre 1860 schon hatte Smith[3]) gezeigt, dass man mit Jod wie mit Quecksilberjodid durch Einwirkung auf Anilin ein Anilinroth erzeugen könne. Ferner hatten wir vorher das Verfahren von Depouilly und Lauth erwähnt, nach welchem man durch Kochen von salpetersaurem Anilin Fuchsin darstellen kann. Nachdem hat G. Delvaux[4]) im Jahre 1863 ein Verfahren bekannt gemacht, Fuchsin zu gewinnen, das den beiden angeführten in gewisser Beziehung analog ist.

G. Delvaux erhitzt ein Gemenge von 1 Aequivalent Anilin mit 1 Aequivalent chlorwasserstoffsauren Anilins 6—8 Stunden lang auf circa 150° Celsius. Es bildet sich bei diesem Verfahren eine gewisse Menge Fuchsin, das man mit Wasser ausziehen kann.

---

1) Répert. d. Chim. appl., Juin 1862, p. 181; Dingler's polyt. Journ. 165, 397.

2) Répert. d. Chim. appl., Sept. 1859, p. 404.

3) Lond. Journ. Aug. 1860. p. 86.

4) Dingler's polyt. Journ. 168, 142. Compt. rend. t. LVI, p. 445.

Auch kann der Prozess noch einfacher ausgeführt werden, wenn man 2 Aequivalente Anilin mit so viel käuflicher Salzsäure mischt, dass 1 Aequivalent Chlorwasserstoffsäure im Gemische enthalten ist. Man erhitzt und erhält nach erfolgter Verdampfung des anwesenden Wassers Fuchsin.

Uebrigens geben alle Anilinsalze, wenn man sie mit Anilin auf 150 ⁰ C. erhitzt, Fuchsin.

Erhitzt man trockenes schwefelsaures Anilin auf 200 bis 200 ⁰ C., so wird es violett schwarz, und wenn man es dann mit Wasser behandelt, giebt es ebenfalls Fuchsin aus.

Dem analog verhält sich auch chlorwasserstoffsaures Anilin. Erhitzt man dieses in trockenem Zustande mit Sand, Flussspath, Kieselerde u. dgl. vermischt 3 Stunden lang auf 180⁰ C., so bildet sich ebenfalls Fuchsin, das man mit Wasser ausziehen kann.

Das so modificirte Verfahren mit dem zuerst angegebenen vereinigt, giebt gute Ausbeuten, selbst wenn man auf niedrigere Temperaturen erhitzt. Man verfährt nach Delvaux folgendermassen:

1 Aequivalent trockenes chlorwasserstoffsaures Anilin wird mit seinem zehnfachen Gewichte Sand gemengt und das Ganze mit 1 Aequivalente Anilin übergossen. Nach dem Durchrühren erhitzt man 15 Stunden lang auf 110—120⁰ C. oder 5 bis 6 Stunden lang auf 150⁰ C. oder aber 2—3 Stunden lang auf 180 ⁰ C. Man behandelt dann die Masse mit kochendem Wasser und erhält eine grosse Menge rothen Farbstoffes — natürlich chlorwasserstoffsaures Rosanilin (s. unten).

Aus der zurückbleibenden Masse kann man durch ein Alkali den darin enthaltenen Farbstoff ausziehen.

Es ist dieses Verfahren für die Industrie gewiss sehr beachtenswerth, sofern sich die quantitativen Verhältnisse dabei günstig stellen.

Theorie der Fuchsinfabrikation.

Nachdem wir so das meiste Bekannte über die Fabrikation des Fuchsins angeführt haben, sei es uns vergönnt, auch einiges über die theoretischen Vorstellungen zu sagen, welche man sich bis jetzt über die Constitution des Fuchsins gemacht hat.

Ein in der Industrie mit so vielem Eclat aufgetretener Artikel wie das Fuchsin musste natürlich grössere Untersuchungen über seine eigentliche Natur zur Folge haben, um so mehr als noch durch die zwischen Renard, Franc und Comp. einerseits und Gerber-Keller und Gebr. Depouilly andererseits ausgebrochenen Patentstreitigkeiten, viele Urtheile von Fachmännern extrahirt wurden.

A. Béchamp[1]) fällte nach seinen Untersuchungen das Urtheil, dass das Fuchsin durch Oxydation des Anilins entstanden sei, dass es ferner nur ein bekanntes Anilinroth, das sogenannte Fuchsin gebe, welchem er endlich die Formel $C^{12} H^5 NO$ oder $C^{12} H^6 NO$ beilegt.

Persoz, de Luynes und Salvétat[2]) wollten eine stattgehabte Oxydation des Anilins nicht zugeben, da sich im Operationsrückstande nicht Zinnchlorür, sondern Zinnoxyd vorfand. Es sollte nämlich nach Angabe Béchamp's bei der Einwirkung aus Anilin, Zinnchlorid und Wasser Fuchsin entstehen, gemischt mit Zinnchlorür und chlorwasserstoffsaurem Anilin nach der Formel

$$3 (C^{12} H^7 N) + 2 Sn Cl^2 + HO = 2 Sn Cl +$$
$$2 C^{12} H^7 N . H Cl + C^{12} H^6 NO.$$

1) Dingler's polyt. Journ. Bd. 156. p. 309.
2) Dingler's polyt. Journ. Bd. 159. p. 221.

Persoz, de Luynes und Salvétat fanden nun nach ihrer Angabe im mit Alkohol und Wasser erschöpften Rückstande Zinnoxyd.

Dieser Umstand kann jedoch nicht von Belang sein, da ja nicht nachgewiesen ist, dass im Auszuge nicht Zinnchlorür vorhanden war; die Gegenwart von Zinnoxyd ist erklärlich, wenn man bedenkt, dass durch das Anilin dasselbe aus seiner Verbindung mit Chlorwasserstoffsäure ausgeschieden sein konnte. Dagegen ist es gewiss, dass nach dem Verfahren von Renard, Franc und Comp. (mit Zinnchlorid) 1 Theil des Chlors resp. Chlorwasserstoff austritt.

Durch die blosse Operation wird besonders bei Anwendung von wasserfreiem Zinnchlorid ein chlorhaltiges Produkt gebildet, das erst höchstens durch die nachherige Behandlung in einen statt des Chlors Sauerstoff haltenden Körper übergeht. Er unterscheidet sich also in jedem Falle — wenn man das einen für die Constitution wesentlichen Unterschied nennen konnte — von dem Roth der Gebrüder Depouilly durch seinen Gehalt an Chlor, und da nun alle Fuchsine im Handel auch durch die Nachbehandlung ihr Chlor nur theilweise verloren hatten, so definirte man den Unterschied dahin, dass sich das Fuchsin von dem Azaleïn durch seinen Gehalt an Chlor unterscheide.

Bolley hält das Fuchsin für einen chlorhaltigen Stoff, in dem aber dieser Salzbilder durch Sauerstoff bei Behandlung mit sauerstoffhaltigen Körpern ersetzt werden könne.

Guignet ist endlich der Ansicht, das Gerber'sche Azaleïn sei Nitroazophenylamin also

$$(C^{12} H^7 N + NO^4 + N) = C^{12} H^7 N^2 (NO^4),$$

welche Ansicht durch Gottlieb's Entdeckung[1]), dass man Fuchsin durch Reduction von Dinitranilin mit Schwefelammonium darstellen könne, eine grosse Stütze erhielt.

Was auch an jener Ansicht wahr oder falsch sein mag, so ist es doch richtig, dass sich beim Verfahren nach Renard und Franc diese Verbindung nicht bilden kann. Dagegen lässt es sich denken, dass der nach dem letzteren Verfahren dargestellte Körper sich vom Azalein nur durch die Substitution

---

1) Annal. d. Chem. u. Pharm. Bd. 85. p. 17.

der Untersalpetersäure (NO^4) mit Chlor unterscheide, so dass man also die Formel hätte $C^{12} H^7 Cl N^2$.

Nach der Natur der rückständigen Produkte zu schliessen, muss sich das Fuchsin (mit dem hier des Renard-Franc'sche sowie Hofmann'sche Präparat bezeichnet ist) vom Azalein (dem Produkte Gerber-Keller's) unterscheiden. Bei der Beobachtung der bei der Anwendung von Nitraten des Quecksilbers eintretenden Reaction ist es unvermeidlich, zu sehen, wie das Quecksilbersalz reducirt wird — es scheidet sich das Quecksilber ja in Kügelchen aus — während doch kein Sauerstoff entweicht, also eine Oxydation auf Kosten des Quecksilberpräparates stattfinden muss.

Dagegen hat man bei der Erzeugung von Anilinroth durch Einwirkung von Quecksilberchlorür auf Anilin im Rückstande nachher neben dem unzersetzt gebliebenen Salze schwarzes Quecksilberoxydul gefunden; eine Oxydation im eigentlichen Sinne kann hier also wohl nicht vor sich gegangen sein.

Nach Persoz, de Luynes und Salvétat ist aber nicht einmal Renard und Franc's Präparat (mit Zinnchlorid dargestellt) und Hofmannsroth (mit Zweifachchlorkohlenstoff) identisch, in dem sich letzteres in Alkalien nicht löst, während jenes in diesen vollständig löslich ist.

In wie weit dieser Unterschied als wesentlich zu betrachten sei, kann hier nicht entschieden werden.

Analysen, von Gerber-Keller, William und Schulz ausgeführt, hatten keine Uebereinstimmung; es kann daher nicht verwundern, dass auch die Formeln nicht übereinstimmten.

Noch weniger übereinstimmend als die Formeln waren demnach die Ansichten über Constitution. Nach Kopp und Jacquemin war das Anilinroth (mit Nitraten dargestellt) $C^{36} H^{20} N^4 O^4$, man konnte es sich demnach vorstellen, als einen Complex von 3 Atomen Anilin, worin 1 Atom Wasserstoff durch Untersalpetersäure vertreten war

$$\left.\begin{array}{c} C^{36}\ H^{20} \\ NO^4 \end{array}\right\} N^3$$

Kopp[1]) schreibt die Formel als ein dreiatomiges Ammoniak von folgender Zusammensetzung:

$$N^3\left\{\begin{array}{l} (C^{12}\ H^5)^3 \\ H^3 \\ (NO^4)\ H^2 \end{array}\right.$$

1) Chem. Centralbl. 1861, Nr. 34.

Es sollen dann in dieser Formel die 3 Atome Wasserstoff durch Alkoholradikale ersetzt sein, und je nach der Menge der ersetzten Wasserstoffatome das Roth in Violett bis Blau übergehen.

Wie wir später sehen werden, ist diese letztere Ansicht von der Wahrheit nicht sehr weit entfernt.

Hofmann's Ansicht, welche allerdings bis jetzt die meiste Wahrscheinlichkeit für sich hat, geht dahin, dass Gerber-Keller's Azalein das Nitrat des Rosanilins sei, während das Fuchsin das Hydrochlorat derselben Basis ist.

Ein wesentliches Licht, wenn auch nicht über die eigentliche, innere Constitution des Fuchsins, so doch über die Rolle, welche es andern Körpern gegenüber spielt, haben die gründlichen Untersuchungen Hofmann's in diesem Punkte verbreitet.

Hofmann [1]) schiebt mit Recht die vielen abweichenden Resultate, die die Analysen und Untersuchungen der vorher genannten Chemiker gegeben haben, auf den Umstand, dass sie nicht mit reinem Farbstoff arbeiteten, dessen Darstellung schwierig ist. Hofmann scheint sich dabei ganz auf die Seite Béchamp's zu stellen und alles Anilinroth für identisch anzusehen.

Er entnahm den fertigen Farbstoff für seine Untersuchungen von der grossen Londoner Anilinfirma Simpson, Maule und Nicholson, die den Farbstoff mit dem Namen Rosein bezeichnete, für den Hofmann die Benennung Rosanilin vorschlug. Er bestätigte, was die andern Chemiker übersahen, mindestens aber sehr in den Hintergrund stellten, dass das Rosanilin eine Base sei, fähig, mit Säuren salzartige Verbindungen einzugehen.

Das Präparat, von dem er ausging, war die essigsaure Verbindung des Rosanilins, die in grosser Reinheit von Nicholson (wahrscheinlich durch Fällung der Fuchsinlösung mit essigsaurem Natron) für die Zwecke der Färberei dargestellt wurde.

Die siedende Lösung dieses Salzes liefert auf Zusatz von

---

1) Dingler's polyt. Journ. Bd. 165. p. 60.

Ammoniak einen krystallinischen Niederschlag von röthlicher Farbe, der die Basis in ziemlicher Reinheit darstellt.

Das farblose Filtrat von diesem Niederschlage enthält die Basis in vollkommener Reinheit, und sie kann daher am reinsten durch Erkalten der filtrirten Lösung erhalten werden. Dabei setzt sie sich als vollkommen farblose Krystallnadeln und Täfelchen ab. Die Löslichkeit des Körpers ist jedoch in Ammoniak und Wasser so gering, dass man nur wenig von der Basis farblos erhalten kann. Sie ist leichter löslich in Alkohol, indem sie demselben eine rothe Farbe ertheilt, in Aether dagegen unlöslich. Der Luft ausgesetzt, färbt sich die Basis rosa und zuletzt dunkelroth. Während dieser Farbenänderung soll keine Gewichtsveränderung bemerklich sein.

Bei 100° verliert das Rosanilin schnell eine kleine Quantität anhängenden Wassers; man kann aber dann bis 130° erhitzen, ohne dass eine weitere Gewichtsveränderung eintritt. Bei noch höherer Temperatur zersetzt es sich unter Zurücklassung einer kohligen Masse, während ein Oel überdestillirt, das im Wesentlichen aus Anilin besteht.

Nach angestellter Analyse stellte Hofmann für das Rosanilin die Formel auf $C^{40} H^{21} N^3 O^2$, welche er nach der Analyse der Salze als $C^{40} H^{19} N^3 + 2 HO$ betrachtet, so dass $C^{40} H^{19} N^3$ die wasserfreie Basis vorstellt.

Das Rosanilin stellt eine entschiedene Base dar, welche mehrere Reihen leicht krystallisirbarer Salze bildet. Die Verhältnisse, in denen sie sich mit Säuren verbindet, veranlassen Hofmann, anzunehmen, sie stelle ein dreisäuriges Triamin dar. Er nimmt an, sie sei im Stande, drei Reihen von Salzen zu bilden:

$$C^{40} H^{19} N^3 \,.\, H\,Cl,$$
$$C^{40} H^{19} N^3 \,.\, 2\,H\,Cl,$$
$$C^{40} H^{19} N^3 \,.\, 3\,H\,Cl.$$

Von diesen Salzen bildet das Rosanilin vorzugsweise gern die nach dem ersten Typus zusammengesetzten, die sich auch ohne Zersetzung mehrmals nmkrystallhsiren lassen. Dagegen zeigten sich die Salze mit 3 Atomen Säure wenig beständig, indem sie sich sowohl durch Einwirkung des Wassers als auch durch Erhitzen auf 100° zersetzten.

Es gelang, die Salze des Rosanilin's auf zweierlei Art darzustellen; man erhält sie durch direkte Vereinigung, dann aber auch durch Zusammenbringen der gelösten Basis mit dem Ammoniaksalze der betreffenden Säure.

Die Salze mit einem Atome Säure zeigen im auffallenden Lichte einen lebhaften metallischen Glanz ähnlich dem der Canthariden. Bei durchfallendem Lichte sind sie roth und werden in grösseren Dimensionen undurchsichtig.

Die Salze mit 3 Atomen Säure sind sowohl fest als in Lösung gelbbraun gefärbt und weit löslicher als die Salze der ersten Ordnung. Beide Klassen von Salzen sind leicht krystallisirbar.

Das Rosanilinchlorür $C^{40} H^{19} N^3$. HCl setzt sich aus kochender Lösung in gut ausgebildeten, sternförmig gruppirten rhombischen Tafeln ab. In Wasser ist es schwierig löslich, leichter in Alkohol, dagegen unlöslich in Aether.

Es wird bei 130° vollkommen wasserfrei, während es bei 100° noch eine geringe Menge Wasser zurückhält. Es ist sehr hygroskopisch wie die meisten Salze des Rosanilin's. In mässig verdünnter Salzsäure ist es leichter löslich als in Wasser.

Bringt man die schwach erwärmte Lösung des Monochlorürs mit concentrirter Salzsäure in Berührung, so gesteht sie beim Erkalten zu einem Netzwerk von prachtvollen braunen Nadeln, welche mit konzentrirter Salzsäure gewaschen und im Vacuum über Schwefelsäure und Kalk getrocknet, der Formel $C^{40} H^{19} N^3$. $3 HCl$ entsprechen.

Bei 100° verliert das Chlorid nach und nach seine Säure und wird indigoblau. Erhält man es länger bei der angegebenen Temperatur, so wird es roth, sein Gewicht ist constant; es ist wieder Monochlorür geworden. Die dabei aufgetretene indigoblaue Färbung rührt vermuthlich von der Entstehung einer intermediären Verbindung vielleicht des Dichlorids her.

Die beiden untersuchten Chlorüre verbinden sich mit Platinchlorid zu Doppelverbindungen, deren Zusammensetzung, approximativ bestimmt, den folgenden Formeln entspricht.

$$C^{40} H^{19} N^3 \, . \, HCl + Pt Cl^2.$$
$$C^{40} H^{19} N^3 \, . \, 3 HCl + 3Pt Cl^2.$$

Das Bromrosanilin gleicht in jeder Beziehung dem Chlorüre. Es ist noch weniger löslich. Bei 130° entspricht es der Formel $C^{40} H^{19} N^3$. HBr.

Das schwefelsaure Salz, $C^{40} H^{19} N . HO . SO^3$ erhält man durch Auflösen der freien Base in kochender verdünnter Schwefelsäure. Es setzt sich beim Erkalten in grünen, metallisch schimmernden Krystallen an, die durch Umkrystallisiren rein erhalten werden. Es ist in Wasser schwer, in Alkohol leichter löslich; in Aether ist es dagegen unlöslich. Bei 130° getrocknet, entspricht es der oben angegebenen Formel.

Das saure Sulfat, welches schwer krystallisirt, wurde nicht untersucht.

Das Oxalat des Rosanilin's kann auf analoge Weise dargestellt werden wie die schwefelsaure Verbindung. Bei 100° getrocknet, entspricht es der Formel

$$(C^{40} H^{19} N^3 . HO) . C^2 O^3 + HO.$$

Es ist schwer, das Salz im wasserfreien Zustande zu erhalten, da seine Zersetzungstemperatur sehr nahe derjenigen liegt, bei welcher es sein Wasser verliert.

Ein Salz mit mehr Oxalsäure konnte nicht dargestellt werden.

Das Acetat von der Formel

$$(C^{40} H^{19} N^3 . HO) . C^4 H^3 O^3.$$

ist nach Hofmann das schönste der ganzen Reihe. Nicholson erhielt es in Krystallen von $\frac{1}{4}$ Zoll Dicke.

Es ist sowohl in Alkohol als in Wasser leicht löslich, lässt sich aber wohl eben deshalb nicht leicht umkrystallisiren.

Das ameisensaure Rosanilin ist dem vorigen Salze sehr ähnlich.

Das Chromat, durch Zusatz einer Lösung von Kaliumbichromat zu essigsaurem Rosanilin erhalten, stellt einen ziegelrothen Niederschlag dar, der durch siedendes Wasser in ein grünes, krystallinisches, fast unlösliches Pulver verwandelt wird.

Das pikrinsaure Salz krystallisirt in prachtvollen rothen Nadeln, die in Wasser schwer löslich sind.

Beim Zusammenbringen des Rosanilins mit reducirenden Körpern wird dasselbe auffallend verändert. Besonders geschieht das durch Wasserstoff oder Schwefelwasserstoff in statu nascenti.

Eine Lösung des Rosanilins in Salzsäure wird in Berührung mit Zink sehr bald entfärbt. Die Flüssigkeit enthält alsdann ausser Chlorzink das Chlorür eines neuen Triamins, das im freien Zustande sowohl als in Verbindung mit Säuren vollkommen farblos ist. Hofmann giebt dieser neuen Basis den Namen Leukanilin.

Zur Reindarstellung brachte der Entdecker ein Rosanilinsalz mit Schwefelammonium zusammen, digerirte längere Zeit und erhielt so eine geschmolzene Masse, die beim Erkalten zu einer zerbrechlichen und kaum krystallinischen Masse erstarrte. Es war das vollständig reines Leukanilin.

Es wurde ausserdem direkt aus dem käuflichen Fuchsin durch oftmals wiederholte Reinigung der hier gelblich auftretenden Base rein weiss erhalten.

Das vollkommen weisse Präparat nimmt an der Luft leicht eine Rosafärbung an. In kaltem Wasser ist es kaum, in heissem sehr wenig löslich und scheidet sich beim Erkalten in kleinen Krystallen aus.

Von Alkohol wird es reichlich, von Aether dagegen nur wenig gelöst.

Das beste Lösungsmittel scheint eine Auflösung des Leukanilinchlorürs zu sein, in welcher es sehr leicht löslich ist und daraus auch in Form verfilzter Nadeln sich abscheidet. Das Leukanilin kann im Vacuum über Schwefelsäure getrocknet werden, ohne seine Farbe zu ändern; bei vorsichtigem Erhitzen wird es roth und schmilzt bei 100° zu einer dunkelrothen Flüssigkeit, welche beim Erkalten zu einer weniger gefärbten Masse erstarrt. Es ist wasserfrei und entspricht, bei 100° getrocknet, der Formel $C^{40} H^{21} N^3$.

Die Formel wurde bestätigt durch die Untersuchuug des Chlorürs, des Platinchloriddoppelsalzes und des Nitrats, das in schönen Krystallen erhalten werden konnte.

Das chlorwasserstoffsaure Leukanilin konnte aus dem käuflichen Fuchsin in folgender Weise erhalten werden:

Das Fuchsin wurde durch Einwirkung von Schwefelammonium in der oben angegebenen Weise in Leukanilin verwandelt, und die dabei entstandene gelbe, harzige Masse pulverisirt, mit Wasser vom anhängenden Schwefelammonium befreit und in verdünnter Salzsäure gelöst. Die dabei erzeugte dunkelbraune Lösung liefert bei Zusatz von concentrirter Salzsäure einen reichlichen krystallinischen Niederschlag, der nach dem Grade des verwendeten Rohmaterials

von brauner oder gelber Farbe ist. Wiederholtes Auswaschen
mit concentrirter Salzsäure, worin der Niederschlag fast unlöslich ist, bewirkt eine theilweise Reinigung; in den meisten
Fällen aber ist es nöthig, mehrere Male wie angegeben zu
lösen und wieder zu füllen. Vor dem letzten Zusatz der concentrirten Salzsäure erwärmt man die Lösung zum Sieden und
erhält so beim Erkalten das neue Chlorür in der Form von
wohlausgebildeten rectangulären Tafeln, welche immer sehr
klein, häufig glänzend weiss sind. Eine neue Krystallisation
aus Wasser, worin sie ausserordentlich leicht löslich sind, genügt zu ihrer Reindarstellung.

Das so dargestellte Chlorür ist dreifach sauer und
hält nach dem Trocknen im Vacuum zwei Moleküle Wasser
zurück, so dass es der Formel $C^{40} H^{21} N^3 . 3 H Cl + 2 HO$
entsprechend zusammengesetzt ist. Es kann an der Luft bei
100^0 nicht vollständig getrocknet werden, dagegen ist es möglich, das Wasser zu entfernen, wenn man das Salz hinreichend
lange auf 100^0 im Wasserstoffstrome erhitzt.

Durch Lösung von reinem Leukanilin in der Chlorürlösung
ist es nicht möglich, weniger saure Verbindungen zu erhalten.

Setzt man zu einer mässig concentrirten, lauwarmen Lösung des Chlorürs Platinchlorid, so setzt die Flüssigkeit beim
Erkalten gut ausgebildete, orangegelbe, glänzende Prismen ab,
welche, in kaltem Wasser schwer löslich, von kochendem zersetzt werden. Bei 100^0 getrocknet enthalten sie noch 2 Moleküle Wasser, welche, obgleich schwierig, bei höherer Temperatur ausgetrieben werden können. Nach mehreren überein-
stimmenden Analysen ist die Zusammensetzung:

$$C^{40} H^{21} N^3 . 3 H Cl + 3 Pt Cl^2 + 2 HO.$$

Das Nitrat endlich stellt weisse, gut ausgebildete Nadeln
dar, welche in Wasser und Alkohol löslich, in Aether dagegen
unlöslich und in Salpetersäure sehr schwer löslich sind. Im
Vacuum getrocknet, entspricht ihre Zusammensetzung der
Formel:

$$[(C^{40} H^{21} N^3 . HO) . NO^5 + 2 HO . NO^5] + 2 HO.$$

Das Krystallwasser kann aus dem Salze nicht entfernt
werden, weil es sich bei 100^0 zersetzt.

6*

Es gelang, das Leukanilin durch Oxydationsmittel wieder in Rosanilin zu verwandeln; es verhalten sich diese beiden Basen ganz analog dem Indigweiss und Indigblau.

Es ist das angegebene Alles, was bis jetzt über die theoritischen Verhältnisse des Fuchsins bekannt ist.

Die eigentliche innere Constitution des Fuchsins ist noch nicht ergründet; Alles, was wir darüber besitzen, beruht auf Hypothese; dagegen haben wir durch die vortrefflichen Untersuchungen A. W. Hofmann's wenigstens einen Einblick in die Natur des Farbstoffs als Basis gewonnen.

Ueber die Bildung des Farbstoffes, vornehmlich bei der Bereitung mit Arseniksäure, wissen wir nur mit Bestimmtheit, dass sich zuerst arseniksaures Anilin bildet, das erst bei weiterer Erhitzung in arseniksaures Rosanilin sich umwandelt. Ebenso bestimmt wissen wir aber auch, dass der oft erwähnte violettbraune Rückstand sich bilden muss, wenn Rosanilin entsteht. Er besteht zum grossen Theile aus einem schwach basischen Harze, aus dem Ed. Chambers Nicholson durch successive Behandlung mit Lösungsmitteln eine neue Base von gelber Farbe auszog, welche nachher von Hofmann [1]) weiter untersucht wurde.

Es stellte ein feines, gelbes, dem frisch gefällten chromsaurem Bleioxyde sehr ähnliches amorphes Pulver dar, das in Wasser kaum löslich ist und dasselbe daher auch nur schwach färbt, dagegen sehr löslich in Alkohol und Aether. Es ist eine wohl charakterisirte organische Base, die zwei Reihen gut krystallisirter Salze mit den Säuren bildet.

Zur Analyse verwendete man die aus dem wohl charakterisirten, in Wasser schwer, dagegen in Alkohol und Aether leicht löslichen Mononitrate gefällte Basis. Das Salz wurde nach sechsmaligem Umkrystallisiren in Wasser gelöst, mit Ammoniak gefällt und das so gewonnene vollkommen reine Chrysanilin zur Analyse verwendet.

Bei 100° getrocknet, entspricht es der Formel

$$C^{40} H^{17} N^3,$$

welche Formel durch die Untersuchung mehrerer Salze, hauptsächlich des Muriates bestätigt wurde.

---

1) Dingler's polyt. Journ. 168, p. 133. Journ. f. Chemie u. Pharm. 1883, p. 33. Compt. rend. t. LV. p. 818.

Die Basis unterscheidet sich also vom Rosanilin nur durch einen Mindergehalt von zwei Atomen Wasserstoff.

Die Verbindung der neuen Basis mit Salzsäure erhält man leicht auf Zusatz von concentrirter Salzsäure zu einer Lösung von Chrysanilin in verdünnter Chlorwasserstoffsäure als scharlachrothen krystallinischen Niederschlag. Er besteht aus kleinen Schuppen, die sehr löslich in Wasser, weniger löslich in Alkohol und fast ganz unlöslich in Aether sind. Sie haben die Zusammensetzung

$$C^{40} H^{17} N^3 . 2 H Cl.$$

Unter Umständen kann dieses Salz Krystallwasser enthalten und besitzt dann die Formel

$$C^{40} H^{17} N^3 . 2 H Cl + 2 HO.$$

Vierzehn Tage lang einer Temperatur von 160 bis 180° ausgesetzt, verwandelt es sich in ein gelbes krystallinisches Pulver, das weniger löslich in Wasser ist. Es hat die Formel

$$C^{40} H^{17} N^3 . H Cl.$$

Die Nitrate des Chrysanilins krystallisiren mit der grössten Leichtigkeit in rubinrothen Nadeln, die auffallend unlöslich in Wasser sind. Die übrigen Verbindungen des Chrysanilins geben mit Nitraten sogleich einen Niederschlag von salpetersaurem Chrysanilin, so dass man sie als Reagentien auf Salpetersäure benutzen kann.

Beim Kochen von verdünnter Salpetersäure mit einem Ueberschusse von Chrysanilin bildet sich einfach salpetersaures Salz, das beim Erkalten in Nadeln auskrystallisirt. Es hat die Zusammensetzung

$$(C^{40} H^{17} N^3 . HO) . NO^5.$$

Giesst man eine Lösung dieses Salzes in concentrirte kalte Salpetersäure, so bildet sich das zweifach saure Salz,

$$(C^{40} H^{17} N^3 . HO) . NO^5 + HO . NO^5,$$

das man in wohl ausgebildeten Prismen erhalten kann.

Es verliert beim Umkrystallisiren aus Wasser seinen Ueberschuss von Salpetersäure.

Das sehr lösliche Sulphat ist kaum krystallinisch.

Es ist bis jetzt noch nicht gelungen, aus dem Chrysanilin das Rosanilin darzustellen; ebenso ist die Entstehung, sowie Constitution desselben bisher unbekannt geblieben.

Vielleicht wird es möglich sein, auch diese Basis für Farbenfabrikation zu verwerthen.[1]) Jedenfalls erklärt es sich, dass man bei gewissen Darstellungsarten der Fuchsinkrystalle einen Farbstoff von gelblicher Farbe erhält. Es ist in diesem Falle ein Theil der Base des Rückstandes mitausgezogen. Das käufliche Fuchsin ist gewöhnlich salzsaures Rosanilin, was man dadurch sehr leicht nachweisen kann, dass es, mit concentrirter Schwefelsäure übergossen, Salzsäuregas liefert.

____

1) Ueber die Verwendung des Chrysanilins als Anilingelb vergleiche das so benannte Kapitel.

Bestimmungen des Königl. Preussischen Ministeriums für Handel, Gewerbe und öffentliche Arbeiten in Betreff der Regulirung des Betriebes solcher Anilinfarbenfabriken die mit Arseniksäure arbeiten.

Ehe wir die Erörterungen über die Fuchsinfabrikation gänzlich verlassen, wollen wir noch die Bedingungen mittheilen, nach welchen der Betrieb der Anilinfabriken in Preussen polizeilich geregelt wird. Dieselben enthalten zugleich die Verordnungen über die Einrichtung derartiger Anlagen. Die Erfüllung dieser Bedingungen involvirt durchaus keine die Fabrikanten ungebührlich beschwerenden Auflagen; sie erscheinen dringend geboten zur Abwehr der Gefahren, welche aus dem Betriebe derartigen Fabriken sowohl den Arbeitern als dem anwohnenden Publikum leicht erwachsen können. Die Mittheilung dieser Verordnungen dürfte manchem Leser im höchsten Grade erwünscht sein, da dieselben bis jetzt nur durch officielle Organe keineswegs aber durch technische Zeitschriften oder Compendien publicirt worden sind. Ich habe mir erlaubt, dieselben durch einige technische Bemerkungen zu commentiren.

Nach dem Erlass des königlich preussischen Handelsministeriums vom 10. Juni 1865 sollen Anilinfabrikanten, welche sich der Arseniksäure bedienen, nur unter genauer Erfüllung der nachstehenden Bedingungen arbeiten, welche demnach bei deren Concessionirung zu Grunde gelegt werden.

1) Diejenigen Arbeitsräume der Anilinfarbenfabriken, in welchen mit arsenikhaltigen Produkten gearbeitet wird, müssen mit **wasser-**

dichten Fussböden versehen werden. Zur Herstellung der letzteren sind Fliesen, **welche in eine Unterlage von Cement zu legen sind,** zu verwenden.

Ableitungen nach den Rinnsteinen oder nach andern Abzügen dürfen in diesen Arbeitsräumen **nicht** angebracht werden, sondern es ist znr Aufnahme des Spühlwassers unter der Sohle des Fussbodens ein **wasserdichter Behälter** anzulegen. Der Inhalt desselben wird wie die arsenikhaltigen Laugen nach der unter No. 4 folgenden Vorschrift behandelt. Die Wände der Arbeitsräume sind, um dem Eindringen arsenikhaltiger Flüssigkeiten in die Fundamente vorzubeugen, unten mit einer **Cementschicht von mindestens 1 Fuss Höhe** über dem Fussboden zu überkleiden.

Unter den in diesem Paragraphen angezogenen Fabrikräumen sind diejenigen gemeint, welche zur Herstellung des Fuchsins benutzt werden. Die Räume, in welchen die Darstellung der Schmelze vorgenommen wird, sind am wenigsten gefährlich, da in diesen keine arsenikhaltigen Laugen vorhanden sind und die trockene Schmelze an sich zu Vergiftungen des Bodens keinen Anlass geben kann. Auch ist dieser Raum wegen der darin enthaltenen Feuerstätten gewöhnlich schon von vornherein sorgfältig mit Fliesen ausgelegt. Dagegen sind besonders streng zu überwachen diejenigen Räumlichkeiten, in denen die Fuchsinschmelze ausgelaugt und krystallisirt wird. Es giebt Anilinfarbenfabriken, und leider nicht wenige, in denen zu Zeiten der Fussboden durch rothe, stark arsenikhaltige Flüssigkeiten wahrhaft überschwemmt ist. Wer jemals mitansah, wie die ausgenutzte Fuchsinbrühe beim Ueberschöpfen aus einem Bottich in den andern in bedeutenden Quantitäten auf dem Boden vergossen wurde, wird einen vollkommen wasserdichten Fussboden mit gleicher Senkgrube für unabweisbar halten. Auch die fusshohe wasserdiehte Ummauerung ist vollkommen gerechtfertigt. Es ist natürlich ebenso gut, statt des Cementes Asphalt anzuwenden; es wird ja nur auf die vollkommene Undurchdringlichkeit des Bodens für Flüssigkeiten gesehen.

2) Die zur Darstellung der Anilinpigmente zu verwendende Arseniksäure sowie die arsenikhaltigen Fabrikrückstände müssen in besonderen Räumen, deren Fussböden mit Fliesen und Cement ausgelegt worden sind, aufbewahrt werden. Andere, als die genannten Gegenstände dürfen in diesen Räumen **nicht** gelagert werden. Zum Messen und Wiegen der Arseniksäure müssen daselbst **besondere Geräthe**, welche zum Messen und Wiegen anderer Gegenstände nicht benutzt werden dürfen, gehalten werden. Die zur Aufbewahrung der Arseniksäure und der Rückstände dienenden Räume müssen **unter Verschluss** gehalten werden.

In diese Räume gehören offenbar auch diejenigen Laugen, welche abgedampft werden sollen, deren Verarbeitung jedoch für den Augenblick verschoben werden musste. Es kommt vor, dass man den Arsenikkalk und andere feste und darum auch minder gefährliche Residuen sorgfältig verschliesst, während die dicken zum Abdampfen bestimmten Laugen manchmal auf offenem Hofe, der zum Ueberflusse auch zuweilen noch ungepflastert ist, in unbedeckten riesigen Fässern ihrer Bestimmung entgegenharren und sich nach und nach durch die für diesen Zweck möglichst billig angekauften Fässer ihren Weg in das Erdreich bahnen.

3) Die Arseniksäure darf auf dem Fabrikareale ohne besondere Erlaubniss **nicht bereitet werden.**

4) Die flüssigen Arseniksäure enthaltenden Laugen, welche bei der Fabrikation der Anilin-Pigmente entstehen, desgleichen arsenikhal-

tige Residua jeder Art (vergleiche No. 1) dürfen weder den Gewässern durch Gräben oder Kanäle zugeführt, noch in Senkgruben gebracht, sondern müssen, nachdem sie mit einer zur Bildung der Arseniksäure geeigneten Menge Kalk versetzt worden sind, **eingedampft** werden. Das Eindampfen dieser Laugen, sowie die Erhitzung von Flüssigkeiten, welche gleichzeitig **Arseniksäure** und **Salzsäure** enthalten, darf nur unter gut ziehenden Dampffängen erfolgen.

Man muss das Zusammenbringen arsenikhaltiger Laugen mit Salzsäure auf das sorgfältidste vermeiden; das Chlorarsen bildet sich mit der grössten Leichtigkeit und kann vermöge seiner grossen Flüchtigkeit und Giftigkeit erhebliche Unglücksfälle zur Folge haben. Sehr zu vermeiden ist auch das Versetzen arsenik- und kochsalzhaltiger Laugen mit Schwefelsäure, da die letztere aus dem Kochsalze die Salzsäure frei macht. Auch das Stehenlassen oder gar Erhitzen von Arseniklaugen in eisernen Gefässen bei gleichzeitiger Gegenwart starker Säuren ist zu umgehen, da hierbei leicht das ausserordentlich giftige Arsenikwasserstoffgas auftritt.

5) Zur Abfuhr der eingedampften Arsenikrückstände sind dichte mit der Aufschrift „**Arsenikkalk**" versehene Fässer zu benutzen. Die Abfuhr darf nur nach solchen Orten erfolgen, welche von der Polizeibehörde als dazu geeignet anerkannt sind.

Für Berlin ist wohl der am günstigsten gelegene Ort für die Abfuhr des Arsenikkalkes Hamburg, von wo die Schiffe denselben mit in die Nordsee nehmen, um die damit gefüllten Fässer auf offener See über Bord zu werfen.

6) Es ist ein Giftbuch zu führen, welches das Datum des Bezuges, den Namen und Wohnort des Lieferanten, sowie das Gewicht der bezoge-

nen Arseniksäure, ferner das Datum der Wegschaffung der Arsenikrückstände, deren Gewicht, den Ort, wohin dieselben geschafft worden und den Namen des Spediteurs nachweisen muss.

7) Das **Mitbringen von Esswaaren** in die Fabrikationsräume ist den Arbeitern zu untersagen.

Das Frühstücken und Vespern der Arbeiter in solchen Räumen, in denen arsenikhaltige Laugen aufbewahrt oder verarbeitet werden, in denen zuweilen kaum ein Platz aufgefunden werden dürfte, der nicht mehr oder weniger mit Arsenik imprägnirt wäre, ist leider in einzelnen Fabriken noch immer sehr an der Tagesordnung. Auch das Waschen der Hände wird manchmal von den Arbeitern verabsäumt. In solchen Fällen hat der Fabrikant die Pflicht, die Arbeiter vor einem so fahrlässigen Verfahren zu warnen, um sich wenigstens, mag ihm das Wohl seiner Arbeiter noch so gleichgültig sein, doch selbst Kosten und Unannehmlichkeiten zu ersparen.

8) Der Betrieb der Fabrik darf erst nach stattgehabter amtlicher Revision beginnen.

9) Unternehmer bleibt gehalten, falls sich ergeben sollte, dass die getroffenen Einrichtungen nicht genügen, um Gefahren für das Leben oder die Gesundheit der in der Fabrik beschäftigten Arbeiter oder des Publikums abzuwenden, alle diejenigen Einrichtungen zu treffen, welche zur Errreichung grösserer Sicherheit ihm von der Polizeibehörde vorgeschrieben werden.

Auch gegen diesen Passus kann von Seiten des Fabrikanten gewiss Nichts eingewendet werden, wenn er von den betreffenden Behörden mit Liberalität und Wohlwollen gehandhabt wird.

10) In Betreff der Einrichtungen der Feuerungen etc. finden die für concessionspflichtige ge-

werbliche Anlagen überhaupt geltenden Bestimmungen Anwendung.

Von allen diesen Bestimmungen werden von den Fabrikanten besonders die unter 4 und 5 enthaltenen beklagt und
gewiss nicht ohne Grund. Abgesehen von der grossen Un-
bequemlichkeit, welche dieselben dem Fabrikanten auferlegen,
erhöht ein solches Verfahren die Herstellungskosten des Fuchsins sehr wesentlich. Wären nun alle Fabrikanten, und wären
es auch nur zunächst die des Zollvereins in diesem Punkte
einander gleichgestellt, d. h. hielten alle Zollvereinsregierungen
ohne Unterschied die Bestimmungen der preussischen Regierung streng aufrecht, so wären alle Fabrikanten den gleichen
Herstellungskosten unterworfen und die Preussischen nicht im
Nachtheile. Dagegen ist es nicht die Schuld der preussischen
Regierung, wenn das nicht überall geschieht. Wo die an manchen Orten so beliebte Abfuhr arsenikalischer Rückstände in
die grösseren Flüsse stattfindet, müsste dies von der betreffenden Regierung durch einen dem Preussischen ähnlichen Erlass inhibirt werden. Ueberall, wo eine Abfuhr arsenikhaltiger
Produkte in die Flüsse stattfindet, geschieht es zum Nachtheil
derselben; es findet gewiss ein Zusammenhang statt zwischen
der Einfuhr arsenikhaltiger Laugen in den Rhein, und dem
auffallenden Abnehmen des dortigen Fischfanges. Diesen
Uebelständen kann nur durch die Verständigung der Preussischen mit den übrigen Zollvereinsregierungen über ein all-
gemeines Arsenikabfuhrgesetz mit Erfolg entgegen gearbeitet
werden.

Anilinblau und Violett.

Schon vor der Entdeckung des Anilinroths hatte man bei Einwirkung von gewissen Agentien auf Aṅilinöl violette Farbentöne hervorgebracht. Auch bald nach der Entdeckung des Fuchsins gelang es, aus diesem rein blaue Farben zu erzielen.

Wir können das Violett bis auf eine einzige Art desselben nach allen bis jetzt gemachten Erfahrungen als eine **Zwischenstufe in der Bildung des Anilinblaues aus dem rothen Farbstoffe**, als ein Anilinblau ansehen, dessen Bildung vor dem Ende des Prozesses unterbrochen und in welchem daher ein Theil des im angewendeten Fuchsin enthaltenen Wasserstoffs noch durch kein Substitut ersetzt ist.

Dass es nun auch möglich sei, statt Fuchsin für sich und aus diesem wieder reines Blau oder Violett darzustellen, Anilin direkt in Fuchsin und dieses im weiteren Verlaufe des Prozesses in Violett, ja selbst in reines Blau umzuwandeln, wird deshalb Niemand in Verwunderung setzen.

Im Allgemeinen kann man sagen, dass aus dem Fuchsin Violett und Blau durch reducirende Agentien entstehen, obgleich man aus dem Anilinöl direkt das Violett nur durch Anwendung oxydirender Mittel (zur Bildung von Anilinroth) herstellen kann.

Nach dem Allen sind wir genöthigt, um ein klares Verständniss der Sache zu erhalten, Violett und Blau im Zusammenhange abzuhandeln.

Alle Methoden, Anilinöl direkt aus dem Anilin herzustellen, sind fast nur noch von historischem Werthe; wir werden sie hier auführen, wie wir die Bereitungsmethoden des

Fuchsins zum grössten Theile angeführt haben, werden uns aber nur mit denjenigen unter ihnen besonders beschäftigen, welche das Anilinroth für die Bereitung des Anilinvioletts und Blaues zu Grunde legen.

Ueberhaupt als erste der Anilinfarben wurde ein Violett von Perkins und Church isolirt. Sie nahmen im Jahre 1858 ein Patent für England auf ein Verfahren, durch Einwirkung von doppeltchromsaurem Kali auf schwefelsaures Anilin, Toluidin, Xylidin, Cumidin oder Cymidin eine violette Farbe darzustellen.

Die Auflösung von einem Aequivalente schwefelsauren Anilins wird mit der Lösung eines Aequivalentes doppeltchromsauren Kalis gemischt, umgerührt und stehen gelassen. Es bildet sich dabei ein Niederschlag, den man sammelt, zur Entfernung des gebildeten schwefelsauren Kalis mit Wasser wäscht und nachher mit flüssigen Kohlenwasserstoffen behandelt, um einen anhängenden braunen, harzigen Körper zu entfernen. Die so gewonnene Masse stellt das fertige Violett dar; es ist löslich in Alkohol und Holzgeist. Zur besseren Reinigung wird die Lösung in Alkohol verdunstet.

Eine andere Art der Reinigung desselben Farbstoffes, den er Anilein nennt, schlug im Jahre 1861 E. Wilm[1]) vor.

Man machte bald an diesem Violett die Entdeckung, dass es durch oxydirende Agentien (Chlorsäure, chromsaure Salze, Chlorkalk etc.) stark angegriffen werde und sich dabei mitunter auch schön blaue Färbungen bildeten.

Gestützt nun auf diese Beobachtung, gelang es H. Köchlin in Glasgow[2]), das bei der vorhin besprochenen Operation erhaltene Violett bei dem Prozesse selbst schon in Blau überzuführen, d. h. eine grössere Menge des Wasserstoffes im Rosanilin zu substituiren. Der Entdecker behandelt 1 Litre Anilin mit $1\frac{1}{2}$—2 Litre Salzsäure und 80 Grammes doppeltchromsaurem Kali bei der Siedhitze des Anilins, neutralisirt mit Kalkwasser und filtrirt; er erhält so blaue Lösungen mit alkalischer Reaction.

Analog dem angeführten Verhalten fand Fritzsche[3])

---

1) Chem. Centralbl. v. Dr. Knop, 1861, Nr. 5, p. 69.
2) Repért. de chimie appl. 1860. p. 196.
3) Erdmann, Journ. f. prakt. Chem. 1843. Bd. 28. p. 202.

schon 1843, dass das Anilin einen blauen Farbstoff gebe mit chlorsaurem Kali.

Nach Hofmann setzt man zur Darstellung des reinen Farbstoffes zu einer Lösung von Anilin in Salzsäure einige Tropfen chloriger Säure (Cl O³), welche sogleich einen blauen Brei erzeugen.

In ähnlicher Weise erhält Réchamp[1]) einen blauen Farbstoff, indem er Chlorgas durch Anilin so lange streichen lässt, bis sich ein dunkelbraunes Produkt gebildet hat. Er erhitzt dann die Masse, indem er die Temperatur allmählich auf 180—200 ⁰ erhöht, wobei die braune Substanz in einen blauen Farbstoff sich verwandelt.

Auch erhält man einen blauen Farbstoff,[2]) wenn man salpetersaures Anilin in wässriger Lösung mit fein geriebenem chlorsaurem Kali mischt und sodann eine starke Säure, Salpeter-, Salz-, Oxalsäure, und etwas Zucker hinzufügt. Nach 8 Stunden bemerkt man einen reichlichen dunklen Niederschlag, den man sammelt, mit reinem, später ammoniakalischen Wasser auswäscht und trocknet. Er ist rein blau und besitzt ein ziemlich gutes Färbungsvermögen.

Crosley erhielt eine direkt purpur färbende Lösung, als er eine Mischung von Anilin mit Schwefelkohlenstoff in Alkohol gelöst, vorsichtig mit Salpetersäure behandelte. Es bildet sich dabei eine harzige Masse, aus welcher Crosley durch Auflösung in Benzol und Behandlung mit Salpetersäure einen gelben Farbstoff darstellen konnte.

Nach Beale und Kirkham[3]) erhält man Violett, wenn man 1 Masstheil einer wässerigen Lösung von salzsaurem Anilin vom spezifischen Gewichte 1,010 mit der gleichen Quantität Essigsäure (25 pCt. wasserfreie Säure) ansäuert und nach und nach eine Chlorkalklösung von 1,5 ⁰ Baumé zusetzt.

Man kann durch Zufügen der Chlorkalklösung in kleinen Portionen leicht die gewünschte Farbennüance treffen, welche um so blauer ausfallen wird, je mehr Chlorkalklösung man zugefügt hat. Jedoch wird die Flüssigkeit durch einen Ueberschuss an Chlorkalk leicht entfärbt.

---

1) Comptes rend. 1861, t. 52, p. 538.
2) Deutsche Musterzeit. 1861. No. 6.
3) Englisches Patent, Mai 1859.

Es entsteht ein violetter Niederschlag, den man sammelt und mit einer wässerigen Alkalilösung kocht, um das anhaftende Harz zu entfernen. Das Violett selbst ist, wie alle Anilinvioletts, in alkalischen Lösungen unlöslich.

Der fertige Farbstoff stellt, in Alkohol gelöst und durch Verdunstenlassen des Lösungsmittels erhalten, grünlich metallglänzende Blättchen dar.

Dasselbe Resultat kann man mit Chlorwasser erhalten.

Das nämliche Verfahren mit unwesentlicher Abänderung liessen sich Depouilly und Lauth im Juni 1860 für England patentiren; es liegt der Verdacht sehr nahe, dass wir es hier nur mit einem sogenannten Schutzpatente, unter dessen Deckmantel man ein patentirtes Präparat verkauft, zu thun haben.

Einen ähnlichen Weg schlug George Phillips in seinem am 30. December 1863 für England genommenen Patente ein, nur mit dem Unterschiede, dass er die Wirkung des Chlorkalks durch ein reducirendes Agens moderirt. Er erzeugt Violett und Lila, indem er 300 Theile schwefelsaures Eisenoxydul mit 100 Theilen schwefelsaurem Anilin vereinigt und eine wässrige Lösung von 40 Theilen Chlorkalk hinzufügt. Das Ganze wird sodann auf 212° Fahrenheit (100° C.) erhitzt, bis die gewünschte Farbe entstanden ist. Die Nüance derselben hängt von der Menge des angewendeten Chlorkalkes ab. Die Farbe ist löslich in Wasser und kann durch Fällen aus ihrer Lösung in bekannter Weise erhalten werden. Dasselbe Resultat wird erzielt, wenn man die Materialien in festem Zustande mischt, gleichgültig ob mit oder ohne Zusatz von Wasser, und das Ganze auf 230° Fahrenheit erhitzt. Aus der entstandenen dunkeln Masse zieht alsdann Wasser den gebildeten Farbstoff aus.

Interessant ist noch die Methode Béchamp's,[1]) welcher eine schön blaue Farbe erhält, indem er gleiche Aequivalente Anilin und Phenylsäure in Wasser giesst und Chlorkalklösung zusetzt.

Viele andere Oxydationsmittel, uns zum Theil schon von der Bereitung des Fuchsins her bekannt, wurden angewendet, Anilin direkt in Violett und Blau umzuwandeln.

---

1) Comptes rend. LII, 538. Dingler's polyt. Journ. Bd. 160. p. 143.

So vermischt C. G. Williams in seinem im April 1859 für England genommenen Patente eine Auflösung von 100 Theilen schwefelsauren Anilins mit einer solchen von 112 Theilen übermangansauren Kali's, erwärmt und erhält bei mässiger Erwärmung einen Niederschlag, welcher einen violetten Farbstoff enthält. Man digerirt den Niederschlag zur Entfernung des Harzes mit Benzol, löst den Farbstoff in Alkohol und erhält ihn beim Verdunsten des Lösungsmittels rein.

Auch durch Anwendung von Braunstein bei Gegenwart von Säure lässt sich Anilin in Violett überführen.

R. D. Kay nahm im Mai 1859 ein Patent für England aus, auf ein Verfahren, in gedachter Weise Anilinviolett zu erzeugen. Er vermischt 50 Gewichtstheile Anilin mit 40 Gewichtstheilen Schwefelsäure von 1,85 spezifischem Gewichte und verdünnt sodann mit 1400 Gewichtstheilen Wasser. Der so erhaltenen sauren Auflösung des schwefelsauren Anilins setzt er 200 Gewichtstheile Braunstein ($Mn\,O^2$) hinzu und erhitzt das Ganze unter fleissigem Rühren auf 100°. Der dabei gebildete violette Farbstoff ist in der sauren Lösung enthalten und kann aus derselben durch Filtriren und nachheriges Ausfällen mit Ammoniak, mit Manganoxydulhydrat und harziger Verunreinigung gemischt, erhalten werden. Den so erhaltenen Niederschlag digerirt man nach dem Trocknen mit verdünntem Alkohol und erhält so den reinen Farbstoff in Lösung. Der Patentträger giebt dem Farbstoffe den Namen Harmalin.

D. Price stellt nach seinem im Mai 1859 patentirten Verfahren durch Einwirkung von Bleisuperoxyd auf eine mehr oder weniger basische sowie neutrale Mischung von Anilin mit Schwefelsäure drei Violetts dar, die um so blauer sind je mehr Schwefelsäure und je weniger Bleisuperoxyd er anwendete, während unverändertes Anilin dabei zurückbleibt; dagegen erhält er bei Awendung von viel Schwefelsäure und viel Bleisuperoxyd ein rothes Produkt (Rosein), während alles Anilin eine Umwandlung erfahren hat.

Darin liegt nichts Wunderbares; denn wendete er so viel des Oxydationsmittels in Verbindung mit Schwefelsäure an, dass alles Anilin in rothen Farbstoff (Fuchsin) umgewandelt werden kann, so hat er eben nach der Bildung dieses Farbstoffes kein überschüssiges Anilin mehr in der Masse, um das Fuchsin durch Reduction resp. Substitution (s. unten) in Violett überzuführen, während bei den anderen Arten seiner Bereitung eine dazu geeignete Quantität Anilin übrig bleibt, die um so·grösser ist, je weniger Anilin oxydirt oder je weniger der oxydirenden Substanz angewendet ist.

Auch Chloride, welche im Stande sind, Chlor abzugeben, d. h. zu oxydiren, wendete man zur Darstellung von Violett und Blau direkt aus dem Anilin an.

Fügt man eine Lösung von 6 Grammes Kupferchlorid in 180 Grammes Wasser zu 3 Grammes schwefelsauren Anilins und erwärmt, so erhält man einen Niederschlag, aus dem man mit leichter Mühe das darin enthaltene Violett ausziehen kann. Dies ist das Verfahren des Dale und Caro'schen Patentes (genommen im Mai 1860).

Persoz, de Luynes und Salvétat[1]) fanden, was nach dem oben Ausgesprochenen auch ganz natürlich ist, dass man eine blaue Farbe erhalten könne, wenn man einen Ueberschuss von Anilin auf Zinnchlorid in einer geschlossenen Röhre wirken lässt.[2]) Der zu gleicher Zeit dabei auftretende grüne Farbstoff bildet sich wahrscheinlich, weil das überschüssige Anilin nicht entweichen kann. Es ist dieses Produkt das von Persoz so genannte Bleu de Paris.

Dass man bei Anwendung von Antimonchlorid dasselbe Resultat erhalte, zeigte J. J. Colemann.[3])

In neuerer Zeit fand Prof. G. Städeler[4]) in Zürich, dass man violette Farben erzeugen könne durch Behandlung von Anilin mit phenylhaltigen Körpern. Er erhitzte zu dem Zwecke Anilin in geschlossenen Röhren mit Azobenzol, Nitrobenzol, auch will er gute Resultate erhalten haben durch Erhitzung von Toluidin mit Nitrobenzol, Hydrazobenzol und Benzidin.

Höchst interessant ist noch das Verfahren W. H. Perkin's in London zur Darstellung von Anilinviolett.[5])

---

1) Dingler's polyt. Journ. Bd. 160. p. 73, 390.

2) 9 Grammes Zinnchlorid wurden mit 16 Grammes Anilin 30 Stunden lang auf 180° erhitzt.

3) London Journal of arts 1861, June p. 348. Polyt. Centralbl. 1861, p. 1022.

4) Dingler's polyt. Journ. Bd. 177. p. 395.

5) London Journ. of arts. Aug. 1865, p. 94. Dingler's polyt. Journ Bd. 177, p. 405.

Derselbe nahm am 6. September 1864 ein Patent aus für England auf ein Verfahren, Farbstoffe darzustellen durch Behandlung von Rosanilin mit dem sogenannten Bromterpentinöl.

Für diesen Zweck mischt der Patentträger Rosanilin mit der eigenthümlichen Verbindung, welche man durch Einwirkung von Brom auf Terpentinöl erhält; diese Mischung erhitzt er alsdann unter Zusatz von Alkohol oder Holzgeist in einem geschlossenen Gefässe auf 140—150° C. und erhält circa 8 Stunden auf dieser Temperatur.

Um ein blaues Violett zu erhalten, werden ein Theil bromirtes Terpentinöl, ein Theil Rosanilin und sechs Theile Holzgeist oder Alkohol gemischt und in ein auf der inneren Seite gut emaillirtes, schmiedeeisernes Gefäss gebracht, welches mit einem auf seiner unteren Seite emaillirten Deckel versehen ist, der mittelst Schrauben luftdicht auf dem Gefässe befestigt werden kann. Nach der Füllung wird der Behälter auf 140 bis 150° C. erhitzt und auf dieser Temperatur 8 Stunden erhalten. Man lässt das Gefäss alsdann erkalten; der Inhalt ist nach dem Verdünnen mit Holzgeist oder einem anderen geeigneten Lösungsmittel zum Färben und Drucken in derselben Weise verwendbar wie andere Anilinfarben.

Wenn eine etwas röthlichere Farbe verlangt wird, als der angegebene Prozess liefert, so wendet man 3 Theile Rosanilin, 2 Theile bromirtes Terpentinöl und 15 Theile Alkohol an. Man kann auch das Verhältniss des Rosanilins etwas vergrössern.

Ist dagegen eine blauere Nüance erwünscht, als gleiche Theile von Rosanilin und bromirtem Terpentinöl erzeugen, so vergrössert man die Menge des letzteren etwas.

Um das für das Verfahren erforderliche bromirte Terpentinöl zu erzeugen, füllt man eine Flasche von $2\frac{1}{4}$ Litres Inhalt zur Hälfte mit Wasser und giesst alsdann Brom hinein, bis der Boden des Gefässes etwa $1\frac{1}{2}$ Zoll davon bedeckt ist. Auf die Oberfläche des Wassers giesst man eine etwa $\frac{1}{8}$ Zoll starke Schicht von Terpentinöl und schüttelt alsdann die Flasche vorsichtig, um eine zu heftige Reaction zu vermeiden. Nachdem alles Terpentinöl absorbirt ist, giesst man eine neue Schicht desselben auf und verfährt wie vorher und so fort, bis alles Brom mit dem Terpentinöle verbunden ist. Man erkennt die vollständige Sättigung des Broms an dem **Verschwinden** der bis dahin im Wasser stark bemerkbaren **Bromfärbung**. Das bromirte Terpentinöl sinkt auf den Boden der Flasche, und nachdem man das Wasser von demselben abgegossen hat, wäscht man es mit einer schwachen Kalilauge und endlich mit Wasser, trennt es von dem letzteren und kann es nun sofort verwenden.

Wir kommen endlich zu denjenigen Methoden, deren Grundtypus bei der Fabrikation von Anilinblau im grösseren Massstabe augenblicklich fast allein noch Anwendung findet. Ich meine die Reduction resp. **Substitution der Rosanilin-salze**, d. h. des Fuchsins.

Schäffer und **Gros-Renaud** [1]) verwandten zur Reduction eine **alkalische Schellacklösung**, welche sie mit Fuchsin mischten und geraume Zeit kochten. Das dabei entstandene prachtvolle Blau ist das sogenannte **Bleu de Mulhouse**.

Nach den Angaben von E. **Kopp** [2]) setzt man zu einer Schellacklösung, bereitet durch Kochen von 50 Grammes weissem Schellack und 18 Grammes krystallisirter Soda in 1 Litre Wasser, 50 Grammes einer Lösung aus 125 Grammes Azalein in $\frac{1}{2}$ Litre Alkohol und $\frac{1}{2}$ Litre Wasser. Man erhält so eine blaue Flüssigkeit, deren Farbe an die des schwefelsauren Kupferoxyd-Ammoniaks erinnert. Bei Verwendung von 1 Litre Wasser, 100 Grammes Schellack, 30 Grammes krystallisirter Soda und 100 Grammes Azaleinlösung erhält man ein **Violet de Mulhouse**.

C. **Lauth** [3]) stellte Anilinblau durch Reduction des Fuchsins mit **Zinnchlorür** dar. Er verfährt dabei so, dass er den in Alkohol oder Holzgeist gelösten rothen Farbstoff mit Zinnchlorür versetzt; die rothe Farbe verwandelt sich dabei beim Erwärmen der Lösung zuerst in Violett und sodann in Blau.

---

1) Bull. de la Soc. ind. de Mulhouse 1861, t 31, p. 238. Dingler's polyt. Journ. Bd. 160. p. 453. Répert. de chim. appl. III, 273. Polyt. Centralbl. 1861, 1166.

2) Examen des matières color. Saverne 1861. p. 93.

3) Répert. de Chim. appl. Juillet 1861. t. III. p. 273. Dingler's polyt. Journ. Bd. 162. p. 55.

Dasselbe findet statt, wenn man die alkoholische Lösung des Fuchsins mit sauren Salzen oder Säuren direkt versetzt; es bildet sich auch hier eine violett oder blau gefärbte Flüssigkeit.

Der angewendete Alkohol verwandelt sich dabei zum Theil in Aldehyd, das seinerseits ebenfalls die Wirkung unterstützt.

E. Kopp[1]) verwendet in ganz ähnlicher Weise statt des Alkohols den rohen Holzgeist, welcher stark aldehydhaltig ist.

Noch besser gelingt es, ein Blau darzustellen, wenn man eine Lösung von Fuchsin in verdünnter Schwefelsäure oder Salzsäure mit etwas reinem Aldehyd versetzt. Nach einiger Zeit ist die Farbe des Fuchsins in ein tiefblaues Violett oder Blau umgewandelt, das sogar schon in Wasser löslich ist.[2])

Das Aldehyd verwandelt sich dabei in Essigsäure, welche ihrerseits mit dem zufällig anwesenden Alkohol Essigäther bildet; es scheint sich sogar etwas Ameisensäure zu erzeugen.

Auf Grund seiner Analysen vermuthete Lauth, das so dargestellte Blau sei Oxyphenylanilid

$$C^{12}\,H^5\,O^2 {C^{12}\,H^5 \atop H} \Big\} N.$$

Die wichtigste Methode der Darstellung des Anilinblaues ist bis heute die, welche sich auf die Umwandlung des Fuchsins durch Anilinöl gründet. Sie wurde durch Girard und de Laire entdeckt; Persoz, de Luynes und Salvétat haben später ähnliche Methoden beschrieben. Sie verwendeten, wie schon angedeutet, Fuchsin oder ein solches Gemenge, das Fuchsin zu bilden im Stande ist, und setzten dasselbe einige Stunden lang der Erhitzung mit überschüssigem Anilin aus. Das so erhaltene Blau ist unter dem Namen Bleu de Paris oder Bleu de Lyon bekannt.

Die so erhaltene, fertige Schmelze soll nach dem Girard'schen Patente (1861) so lange mit verdünnter Salzsäure gekocht werden, bis kein Roth mehr aus der Masse ausgezogen werden kann. Die dabei erhaltene Lösung von Roth und Anilinmuriat soll zur Wiedergewinnung des Anilins mit einem

---

1) Monit. scientif. 1861, p. 338.

2) Es ist jedenfalls schon bei der Operation selbst in Bleu soluble umgewandelt.

Alkali versetzt und das abgeschiedene Anilin durch Destillation gereinigt werden.

Um das Anilinblau zu reinigen, löst man es nach Nicholson [1]) in concentrirter Schwefelsäure auf und digerirt die Lösung $1\frac{1}{2}$ Stunde lang bei 150°. Durch Zusatz von Wasser wird das Blau in modificirter und in Wasser löslicher Form abgeschieden.

Nach Bolley [2]) erhält man ein vollständig in Bleu soluble umgewandeltes Blau, indem man 1 Theil Anilinblau in 8 bis 10 Theilen englischer Schwefelsäure löst und längere Zeit auf 130° erwärmt. Durch Eingiessen in eine grössere Menge Wassers, Filtriren, Abscheiden des blauen Farbstoffes oder Abscheiden desselben aus der Lösung durch Sättigen mit Soda und Fällen mit Kochsalz erhält man das Blau im festen Zustande.

Im Jahre 1861 nahmen Girard und de Laire [3]) ein Patent aus auf die Darstellung von Anilinblau durch Einwirkung von überschüssigem Anilin auf Fuchsin. Die Specifikation lautet folgendermassen:

Man mischt Anilinroth, welches in gewöhnlicher Weise gereinigt worden ist, mit etwa seinem gleichen Gewichte Anilin. Dieses Gemisch erhält man fünf bis sechs Stunden lang auf einer Temperatur zwischen 155 bis 185° C. und zwar so nahe als möglich auf 165° C. Die so entstandene violette Substanz wird mit einem Gemisch von Wasser und Salzsäure so lange gekocht, bis sie vollständig gereinigt ist; auf einen Theil der Substanz nimmt man zehn bis zwölf Theile Salzsäure und verdünnt dieselbe mit viel Wasser; dadurch werden das überschüssige Anilin und Anilinroth, welche nicht in Violett umgewandelt worden, aufgelöst, und es verbleibt ein violetter Rückstand. Derselbe ist vollkommen löslich in Alkohol, Essigsäure, Holzgeist und in kochendem Wasser, welches mit Essigsäure schwach gesäuert ist. Alle diese Lösungen sind direkt zum Violettfärben anwendbar. Um den blauen Farbstoff zu erhalten, wird die violette Masse mehrere Male mit verdünnter

----

1) Patent vom 24. Juni 1862.
2) Dingler's polyt. Journ. Bd. 168. p. 62.
3) Repert. of Patent invention, Nov. 1861. p. 384. Dingler's polyt. Journ. Bd. 162. p. 297.

Salzsäure (10 Theile käufliche Salzsäure auf 100 Theile Wasser) gekocht und dann mit kochendem Wasser ausgewaschen. Dieses Auskochen wird so lange wiederholt, bis der Farbstoff rein blau erscheint; derselbe zeichnet sich durch seinen sehr schönen Kupferglanz aus. Um diesen Farbstoff zum Färben benutzen zu können, braucht man ihn nur in concentrirter Essigsäure, Alkohol oder Holzgeist aufzulösen und diese Lösungen mit der geeigneten Menge Wasser zu verdünnen. Die Flüssigkeiten, welche durch Behandeln der violetten Masse mit Salzsäure und Wasser erhalten wurden, enthalten salzsaures Anilin und Anilinroth; man fällt sie durch ein Alkali und erhält so das Anilin wieder, welches durch Destillation gereinigt werden kann.

Anstatt zuerst Anilinroth zu bereiten und dasselbe zu reinigen, kann man zur Gewinnung des blauen Farbstoffes auch das Anilin mit den Agentien behandeln, welche gewöhnlich angewendet werden, um dasselbe in Roth zu verwandeln, indem man jedoch bei dieser Operation einen Ueberschuss von Anilin anwendet; hierbei wird zuerst ein Theil des Anilins in Anilinroth verwandelt, wonach bei andauerndem Erhitzen auf die oben angegebene Temperatur das vorhandene überschüssige Anilin den rothen Farbstoff in die violette Substanz umwandelt.

Das Verfahren Girard's und de Laire's ging käuflich an die Firma Simpson, Maule und Nicholson in London über. Man kann jedoch nach diesem Verfahren nur ein ganz blaues Anilinviolett, niemals jedoch ein reines Blau erhalten. Am besten kann man den rothen Stich des Blaus bei künstlicher Beleuchtung bemerken. Zur Darstellung eines reinen Blaues auf die angeführte Weise bedarf es noch einiger Zusätze, die wir sogleich erörtern wollen.

Den Umstand, dass es unmöglich ist, nach dem Verfahren von Simpson, Maule und Nicholson ein reines Blau zu erzeugen, benutzend, griff H. Levinstein in London das Patent der oben gedachten Firma an und drang auch so weit durch, dass die Patentträger sich mit ihm dahin einigten, dass nur er ausser ihnen Blau in England fabriciren und verkaufen könne.

Schon P. Bolley,[1]) giebt an, durch Zusatz von Benzoësäure zur de Laire'schen Blaumischung erhielte man eine
günstige Ausbeute; als Hauptagens aber für die Umwandlung
des röthlichen Blaus in ein reines, ja selbst in ein grünliches[2])
Blau kann die Essigsäure betrachtet werden; es haben jedoch noch viele organische Säuren dieselben Vorzüge in dieser Hinsicht.

Schon Price führt in seinem am 10. December 1862
patentirten Verfahren[3]) an, man solle auf 3 Theile Anilin,
welches man als essigsaures, baldriansaures, milch-
saures, benzoësaures, weinsaures, oxalsaures oder
zimmtsaures Salz anwendet, 1 Theil Fuchsin anwenden,
mischen und die Mischung in einem geeigneten Gefässe so
lange auf einer Temperatur zwischen 150 bis 190° halten, bis
die gewünschte Blaunüance erzeugt ist. Man lässt sodann erkalten und wäscht mit Wasser, dem man etwas Schwefelsäure
zugesetzt hat. Durch Alkohol kann man sodann die reine Farbe
ausziehen.

Ein dem Anschein nach ziemlich einfaches und rationelles
Verfahren zur Darstellung von Anilinblau ist die am 3. Juli
1862 für England patentirte Methode W. A. Gilbee's,[4]) in
welcher ebenfalls die Essigsäure bei der Blaubildung eine Rolle
spielt. Der Patentträger mischt 100 Theile Anilin mit 20 Theilen
einer käuflichen Essigsäure, die 40 pCt. reines Essigsäurehy-
drat enthält. 5 Theile dieses Gemisches werden mit 1 Theil
reinem Rosanilin (nach Hofmann wie oben dargestellt) versetzt,
erhitzt und so lange im Sieden erhalten, bis die ganze Masse
eine blaue Farbe angenommen hat. Bei der gewünschten Nüance angelangt, nimmt man das Gemisch vom Feuer.

Das so erhaltene, rohe Blau giesst man in sehr verdünnte
Schwefelsäure, welche so viel Säure enthält, als erforderlich
ist, das angewandte Anilin zu sättigen. Die Flüssigkeit wird
dann filtrirt, um das gebildete Blau abzusondern, und dieses
mehrmals mit Wasser gekocht, bis letzteres färblos bleibt.

---

1) Dingler's polyt. Journ. Bd. 168. p. 61.
2) Bleu de lumière oder Bleu de nuit genannt.
3) Lond. Journal of arts. Sept. 1863. p. 146. Dingler's polyt. Journ.
Bd. 170. p. 219.
4) Lond. Journal of arts. March 1863. p. 158. Dingler's polyt. Journ.
Bd. 168. p. 141.

Beim Erkalten bildet das Blau eine harzige Masse, welche nach dem Zerreiben in ihrem 6—18fachen Gewichte concentrirter Schwefelsäure aufgelöst wird; man schüttet dann die Lösung in eine grosse Menge Wassers, um das Blau zu fällen. Durch Trocknen des Niederschlages erhält man den Farbstoff als ein kupferfarbiges Pulver.

Wenn man die Lösung des Blau's in concentrirter Schwefelsäure, anstatt sie mit Wasser zu fällen, vorher 25—30 Minuten lang auf 130—140° C. erhitzt, und dann mit Wasser fällt, so ist das abgeschiedene Blau in kochendem oder schwach angesäuertem Wasser vollkommen löslich.

Das Verfahren Schlumberger's[1]) unterscheidet sich von dem vorigen nur dadurch, dass es auf 1 Theil Fuchsin, 3 Theile Anilin und $1\frac{1}{2}$ Theile Essigsäure anwendet und die überschüssige Säure mit Aetznatron, Soda oder einer anderen alkalischen Substanz neutralisirt. Er erhitzt sodann auf eine Temperatur von 180—210° C. so lange als erforderlich ist, die gewünschte Nüance zu erzielen. Die so erhaltene Masse wird mit Salzsäure vom anhängenden Anilin und mit Wasser von der anhaftenden Säure befreit. Das durch die Säure aufgelöste Blau wird mit Wasser ausgeschieden und als Blau zweiter Qualität betrachtet.

Denselben Zusatz, welchen schon Schlumberger zur Darstellung des reinen Blau's vorschlug, benutzte Passavant in Bradford, nur mit dem Unterschiede, dass er das fertige essigsaure Natron der Mischung zufügt, während Schlumberger die zur Masse gesetzte Essigsäure mit einem Alkali neutralisirte. Es bedarf wohl kaum der Erwähnung, dass beide Verfahren auf dasselbe hinauskommen.

Passavant[2]) stellt sein „Bleu de nuit" auf folgende Weise dar. 4 Theile Fuchsin werden mit 8 Theilen Anilin und 2 Theilen essigsauren Natrons zusammengemischt und das Ganze einer Temperatur von 200° C. ausgesetzt, auf welcher Höhe dieselbe zwei Stunden bleibt. Man steigert alsdann die Hitze bis auf 250° C. auf welcher man sie abermals zwei Stunden erhält.

Sobald die Mischung den gewünschten Farbenton erlangt

---

1) Am 14. Januar 1863 für England patentirt.
2) Polyt. Centralbl. 1864, p. 971.

hat, wird die halbflüssige Masse vom Feuer genommen und in 4 Theile Alkohol gegossen, dem man vorher 12 Theile Salzsäure zugesetzt hat. Die nach dem Erkalten erhaltene braunschwarze Masse wird gemahlen und eine Viertelstunde in Wasser gekocht, das mit 8 Theilen Schwefelsäure versetzt ist. Man filtrirt sodann und kocht die erhaltene blaue Masse noch zweimal in 8 Theilen Salzsäure, um eine noch vorhandene Spur des rothen Tones fortzunehmen, worauf man sie zur Entfernung jeder Spur der angewendeten Säure noch einige Male in Wasser kocht. Man trocknet nun den Farbstoff und pulvert ihn, worauf er, mit 10 Theilen Alkohol übergossen, einige Stunden stehen gelassen wird, bis das Letzte einer röthlichen Spur verschwunden ist. Man filtrirt nun den Alkohol ab und sammelt das so erhaltene Pulver auf einen Filter. Es ist nun für den Handel fertig.

So umständlich, wie Passavant angiebt, verfährt man in der Praxis nicht mit der Reinigung, auch darf, um eine schöne Farbe zu erhalten, die Temperatur lange nicht zu der Höhe gebracht werden, die der angeführte Autor angiebt.

Man hat seit einigen Jahren angefangen, das essigsaure Natron bei der Darstellung von Anilinblau durch das entsprechende Kalisalz zu ersetzen, weil man fand, dass durch die Anwendung des letzteren Acetates das erhaltene Blau leicht einen Stich in's Grüne erhält, der in neuerer Zeit sehr beliebt, ist. Dieses Verfahren wurde nun von J. Levinstein im Jahre 1864 veröffentlicht. Er nennt das dabei erhaltene grünstichige Blau Bleu de nuit, während Passavant denselben Namen einem Blau beilegt, das weder roth- noch grünstichig ist. Wir würden jetzt ein solches Blau mit dem Namen **Vollblau** bezeichnen.

J. Levinstein [1]) verfährt folgendermassen:

Drei Theile Anilin werden so lange mit einem Theile Fuchsin auf eine Temperatur von 180° C. erhitzt, bis das Roth sich in Violett verwandelt hat, was nach etwa 3 bis 4 Stunden eingetreten ist. Alsdann fügt man $\frac{1}{2}$ Theil essigsauren Kali's hinzu und steigert die Temperatur bis auf 190° C.; nach etwa $1\frac{1}{2}$ Stunden ist alles Roth in Blau verwandelt. Man erhitzt

---

1) Jacobsen's chem.-techn. Repert. 1864, 1. Halbjahr, p. 21. Dingler's polyt. Journ. Bd. 175. p. 481. Polyt. Centralbl. Bd. 65. p. 350.

dann noch so lange (einige Minuten) bis eine Probe, auf Porzellan gestrichen, eine grünblaue Farbe zeigt. Dann giesst man die ganze Masse in Spiritus (!) und entfernt das überschüssige Anilinöl durch Kochen in concentrirter Salzsäure. Hierbei scheidet sich das Bleu de nuit als eine kompakte, broncefarbige Masse ab, die überstehende Salzsäure wird dann mit Wasser verdünnt, wobei ein Niederschlag von violetter Farbe sich ausscheidet, welcher rothblau (im Handel Bleu de Lyon genannt) färbt.

Statt der Acetate wendet Holiday [1]) in Huddersfield Benzoësäure als Schmelzezusatz an; dieses Verfahren ist schon lange in den Anilinfabriken eingebürgert gewesen, wird jedoch jetzt kaum noch durchgeführt. Williams [2]) in Glasgow schlägt vor, einen Theil Rosanilin oder eins von dessen Salzen wie das Acetat, Sulphat etc. mit 8 Theilen ölsaurem Anilin oder in Ermanglung dieses Präparates mit 4 Theilen Oelsäure und 4 Theilen Anilin zu mischen, und diese Mischung auf 180 bis 200° C. zu erhitzen, wonach sich nach einiger Zeit eine tiefblaue in Spiritus lössliche Masse bildet. Etwa vorhandener Ueberschuss an Oelsäure oder Anilin wird durch Kochen zuerst mit verdünnter Schwefelsäure und nachfolgender Behandlung mit rectificirtem Steinöl oder Photogen (wäre hier Benzol nicht passender anzuwenden?) entfernt, wobei der Farbstoff als eine kupfer- oder broncefarbene Masse zurückbleibt, die beim Färben, in Spiritus aufgelöst, der Küpe zugesetzt wird. Statt des Anilins kann auch Toluidin oder ein anderer dem Anilin nahe verwandter Stoff angewendet werden.

Die Darstellung des Violetts und Blau's gründet sich auf den Einfluss des Anilins auf Fuchsin in der Wärme; es entsteht dabei eine allmähliche Bläuung des rothen Farbstoffes, welche man bis zu dem gewünschten Grade fortgehen lässt und in den meisten Fällen durch Zusatz von Benzaten und Acetaten, hauptsächlich des essigsauren Natrons unterstützt. Es unterscheidet sich dabei die Darstellung des Blau's von der des Violetts nur durch eine längere Dauer der Operation.

Nach einer sehr vortheilhaften Darstellungsweise erzeugt

---

1) Polyt. Centralbl. 1864, p. 971.
2) Polyt. Centralbl. 1864, p. 971.

man ein Rothviolett, indem man zu 100 Theilen Fuchsin gleichviel Anilinöl setzt und noch 25 Theile essigsauren Natrons zusetzt. Man erhitzt im Oelbade auch 170—180° so lange, bis die gewünschte Nüance erreicht ist. Man bedient sich dazu kleiner Destillationskessel, welche in einem Oelbade stehen und wenn auch weniger umfangreich, doch ganz so eingerichtet sind wie die oben beschriebenen Fuchsinapparate. Durch öfteres Umrühren bringt man die einzelnen Theile der Masse immer wieder mit einander in Berührung. Man überzeugt sich durch öftere Probenahme von dem Gange der Operation. Eine herausgenommene kleine Quantität der Schmelze wird im Reagensgläschen mit Spiritus behandelt.

Die Umwandlung an sich geht im Anfange langsam vor sich, wird aber gewöhnlich zu Ende so schnell, dass man viel Aufmerksamkeit anwenden muss, um die gewünschte rothe Nüance und nicht eine blauere zu erhalten. Während der ganzen Operation destillirt Anilinöl, indem sich zugleich Ammoniak entwickelt. Man verwendet auch dieses Oel wieder zum Mischen anderer Oelsorten.

Ist die Nüance erreicht, so hat man im Kessel eine mehr oder weniger dickflüssige Masse, welche aus freiem Anilin und gebildetem Rothviolett besteht. Zur Entfernung des Anilins verfährt man so, dass man die aus dem Kessel schnell ausgeschöpfte Masse unter Erwärmen mit sehr verdünnter Salzsäure behandelt, die alles Anilin und zu gleicher Zeit überschüssiges essigsaures Natron fortnimmt. Man trennt sodann die überstehende Flüssigkeit von dem dickflüssigen Violett auf eine passende Weise, lässt die Farbe erkalten und bringt sie gemahlen in den Handel.

So dargestellt ist das Rothviolett ein körniges, broncefarbenes Pulver, dessen Ansehen an das des Fuchsins und das kupferartige des Blau's zu gleicher Zeit erinnert; in wie weit es sich zur einen oder anderen Farbe neigt, hängt von der Nüance des Violetts ab.

Die blaueren Sorten des Violetts erhält man nach ganz derselben Methode mit den gleichen Mischungsverhältnissen; nur muss man die Operation länger gehen lassen. In neuerer Zeit giebt man auch dem eigentlichen Blauviolett (Dahlia) etwas von den Zusätzen bei, welche beim Blau dazu dienen, die Nüance frei von Roth zu machen; der Prozess geht dadurch ungleich schneller. Leider ist es uns nicht möglich, an dieser Stelle die Art jener Zusätze, welche zum Theil von sehr wunderbarer Wirkung sind, weiter zu erörtern.

Die Behandlung mit Säure nach dem Herausnehmen der Schmelze ist dieselbe wie beim Rothviolett besprochen; man sucht nur dabei durch längeres Erhitzen mit etwas stärkerer Salzsäure der Masse ausser Anilin noch etwas Roth zu nehmen.

Die Farbe des fertigen Violetts spielt nur noch sehr wenig ins Grüne.

Für die Darstellung von Blau verwendet man eine Mischung von 50 Theilen Fuchsin, 150 Theilen Anilin und 50 Theilen essigsauren Natrons. Die Masse wird behandelt wie beim Violett angegeben. Nachdem die Farbe der Masse das blaueste Violett überschritten hat, geht sie in ein rothstichiges Blau über. Es ist dies eine sehr brillante Farbe, welche aber in neuerer Zeit nicht mehr so beliebt ist wie früher. Ist dieser Punkt vorübergegangen, so nimmt das Produkt, besonders leicht, wenn die vorhin erwähnten Zusätze angewendet wurden, eine rein blaue Farbe an. Dies ist das früher unter dem Namen Bleu de Fayolle käufliche Blau, das man aus reinem Fuchsin und Anilinöl ohne Zusatz von Acetaten und Benzaten nicht erhalten kann. Ist diese Farbe vorübergegangen, so nimmt das Blau einen grünen Stich an, der sich bis zu einem gewissen Grade steigert. Es entsteht jetzt eine Farbe, die unter dem Namen Bleu de Nuit, Bleu de lumière, Bleu mexique etc. augenblicklich gesucht ist.

Ist aber auch diese Nüance vorüber, so nimmt das Blau einen grauen Stich an und verliert an Brillanz; es wird schmutzig und unansehnlich. Es ist, wie der Anilintechniker sich ausdrückt, „übergangen."

Nach dem Ausschöpfen der fertigen Schmelze wird dieselbe mit Salzsäure gekocht, um überschüssiges Anilin sowie Spuren von Roth fortzunehmen; man wäscht mit reinem, heissem Wasser nach und entfernt dasselbe wieder. Nachher wird im Falle einer Anwendung besonderer Zusätze auch die Entfernung dieser bewirkt. Man lässt sodann erkalten und mahlt die spröde Masse.

Das Blau stellt alsdann eine rein kupferglänzende Masse dar, die keinen Stich mehr ins Grüne haben darf. Manchmal kommt auch das Blau im Handel als bläuliche, pulverförmige Masse vor; man hat alsdann das fertige Blau in passenden Lösungsmitteln gelöst und nachher niedergeschlagen. Man erhält immer einen Ueberschuss von Violett und Blau im Vergleich zum angewendeten Fuchsin, der um so grösser ist, je blauer die Farbe ausfällt. Bei Blau erhält man als beste Ausbeute 150 Theile aus 100 Theilen Fuchsin.

Das in angegebener Weise dargestellte Violett und Blau ist in kaltem wie kochendem Wasser unlöslich. Durch längeres Kochen mit Wasser wird aus dem Rothviolett ein geringer Theil des Roths ausgezogen, der das Wasser röthlich färbt. Dagegen lösen sich die genannten Farben, je röthlicher desto leichter, in Alkohol, Holzgeist, Aceton, Essigsäure, aus welchen Lösungen sie sich in Form sehr glänzender broncefarbener Blättchen absetzen, so wie bei erhöhter Temperatur in Glycerin von 1,2 specifischem Gewichte. Aus allen diesen Lösungen werden die Farbstoffe durch kohlensaure Alkalien, Sulfate, Acetate, Nitrate, Hydrochlorate u. s. w. mehr oder weniger vollständig gefällt. Die rötheren Sorten der angeführten Farben werden durch Salz- und Schwefelsäure gebläut, welche Färbung aber bei Verdünnung mit Wasser wieder verschwindet.

Das Blau wird durch concentrirte Salz- und Schwefelsäure mit gelber Farbe gelöst.

Aus seiner Auflösung in Alkohol wird es durch Gerbsäure gefällt.

Auf dem Platinblech langsam erhitzt, verflüchtigen sich Blau und Violett zum grössten Theile.

Wie schon oben angedeutet, wird das Blau durch Behandlung mit concentrirter Schwefelsäure (wenn sie der Formel $SO^3 . HO$ ganz oder beinah entspricht) bei gleichzeitiger Anwendung von Wärme in eine in Wasser lösliche Modification übergeführt. Es findet dies sehr leicht statt, wenn man Nordhäuser Vitriolöl als Umwandlungsagens benutzt. Vier Theile (auch wohl weniger) Vitriolöl werden in einer Porzellanschale auf einen Theil Anilinblau gegossen. Die Masse schäumt; man erwärmt langsam bis zu einer Temperatur von 130—140° unter fortwährendem Rühren, bis die ganze Masse gleichförmig dickflüssig geworden ist. Ob die Operation vollendet ist, d. h. ob das ganze Blau in sogenanntes Bleu soluble übergeführt ist, erfährt man am besten, wenn man eine kleine Quantität

der herausgenommenen Masse in eine grössere Menge von Sodalösung einträgt und damit kocht. Es muss sich sodann das
Blau vollkommen auflösen. Sehr zu bemerken ist dieser Umstand. Das Bleu soluble ist löslich in neutralen und sauren
Flüssigkeiten, wird aber aus seiner Lösung durch alkalische
Lösungen, hauptsächlich Sodalösung, gefällt; im Ueberschusse
derselben jedoch löst es sich heim Erhitzen vollkommen wieder auf.

Findet man, dass alles Blau in die im Wasser lösliche Form
übergegangen ist, so giesst man die schwefelsaure Lösung vorsichtig in eine grössere Menge Wassers und erhitzt, wobei sich das
Blau vollkommen in dem angesäuerten Wasser auflöst. Etwaige
Verunreinigungen und unlöslich gebliebenes Blau scheiden sich
ab, wenn man die Lösung kurze Zeit ruhig stehen lässt. Sie
wird sodann vorsichtig abgezogen und nun genau mit kohlensaurem Natron neutralisirt. Das Bleu soluble fällt heraus und
kann durch Filtration der entfärbten Flüssigkeit gewonnen werden. Nach dem Trocknen stellt es eine pulverige Masse dar,
deren Farbe ein dunkles Blau ist, das einen Stich ins Kupfer-
rothe zeigt.

Bei exacter Ausführung der Operation muss es sich ohne
Weiteres in kochendem Wasser mit schön blauer Farbe lösen,
die mit der des angewendeten gewöhnlichen Blau's korrespon-
dirt. Das im Handel Vorkommende löst sich gewöhnlich erst
nach Zusatz einiger Tropfen Schwefelsäure. Man gewinnt eine
grössere Menge Bleu soluble als man Blau angewendet hatte;
dagegen verliert aber die Brillanz und Intensität der Farbe.

Auch ein Violet soluble lässt sich in ganz derselben
Weise herstellen; jedoch wird die schöne Farbe des Violetts
dabei sehr beeinträchtigt. Es erhält einen Stich ins Graue.

In neuester Zeit hat Gaultier de Chaubry[1]) als Lösungsmittel für Anilinviolett Abkochungen der Quillajarinde
(Quillaja saponaria) oder der egyptischen Seifenwurzel vorgeschlagen. Er verfährt dabei so, dass er entweder das Extract
der gedachten Droguen mit dem Farbstoffe zusammenreibt und
das Ganze mit Wasser auszieht, oder aber, indem er einen
Auszug der Droguen mit dem Farbstoffe kocht. Ich erinnere

---

1) Polyt. Centralbl. 1865, p. 751. Comptes rend. Bd. 60. p. 625. Tech-
nologie, Bd. 26, p. 472. Dingler's polyt. Journ. Bd. 176. p. 231.

in Betreff des angeführten Verfahrens an die Löslichkeit des mit Schwefelsäure behandelten Blau's in überschüssiger Sodalösung.

Was die Bildung und Constitution der violetten und blauen Anilinfarben anlangt, so gebührt A. W. Hofmann auch hier wieder das Verdienst, einiges Licht in dieser Hinsicht verbreitet zu haben. Wie schon angedeutet, kann das nach den bis jetzt angegebenen Methoden erzeugte Violett lediglich als ein Zwischenprodukt zwischen Roth und Blau betrachtet werden. Wir haben es daher nur mit der Bildung eines neuen Körpers, des Blau's, zu thun.

Girard und de Laire[1]) beobachteten bereits, dass bei der Bildung von Rosanilinsalzen auf Anilin oder umgekehrt von Rosanilin auf Anilinsalze Ströme von Ammoniakgas auftreten. Ferner erkannte Nicholson, dass der dabei erhaltene blaue Farbstnff das Salz einer farblosen Base sei. Jedoch blieb es Hofmann[2]) vorbehalten, die Beziehung zu entdecken, in der diese Basis zu dem schon bekannten Rosanilin steht.

Hofmann beschäftigte sich mit der Untersuchung des von Nicholson dargestellten Muriates der blaubildenden Base.

Es ist eine kaum krystallinische Substanz von bläulich, brauner Farbe und pulvriger Gestaltung, das in kaltem wie kochendem Wasser unlöslich, ebenso in Aether, von Alkohol zu einer prachtvoll blau gefärbten Flüssigkeit gelöst wird.

Beim Abdampfen der Lösung hinterbleibt der Farbstoff in der Gestalt einer halb gold-, halb kupferartig glänzenden Haut.

Nach verschiedenen damit angestellten Analysen entspricht es der Formel:

$$C^{56} H^{31} N^3 . H Cl.$$

Nach dieser Formel kann man das Salz ansehen als ein Rosalinsalz, in welchem 3 Atome Wasserstoff durch ebenso viele Atome des Radicals Phenyl ersetzt sind, so dass man das Salz ein **Triphenylrosanilinchlorid** nennen muss. Es hat demnach die Zusammensetzung:

---

1) Dingler's polyt. Journ. Bd. 162. p. 279.

2) Comptes rendus. t. LVII. p. 25. Analen d. Chem, u. Pharm. 1863, p. 437. Dingler's polyt. Journ. Bd. 170. p. 58

$$C^{40}\frac{H^{16}}{3}(C^{12}H^5)\ N^3\ .\ HCl.$$

Seine Bildung kann aus dem entsprechenden Rosanilinsalze in Verbindung mit dem Anilin in folgender Weise gedacht werden:

$$C^{40}\ H^{19}\ N^3\ .\ HCl + 3\ C^{12}\ H^7\ N =$$

$$\underbrace{\qquad\qquad\qquad}\qquad\qquad\underbrace{\qquad}$$

chlorwasserstoffsaures   Anilin.
Rosanilin.

$$C^{40}\frac{H^{16}}{3(C^{12}\ H^5)}\ N^3\ .\ HCl + 3\ NH^3.$$

$$\underbrace{\qquad\qquad\qquad}\qquad\qquad\underbrace{\qquad}$$

chlorwasserstoffsaures   Ammoniak.
Triphenylrosaninil.

Die freie Base kann leicht aus dem Muriate dargestellt werden, indem man dieses mit ammoniakhaltigem Alkohol behandelt, wodurch eine gelbliche Flüssigkeit gewonnen wird, die das freie Triphenylrosanilin neben Chlorammonium enthält. Durch Kochen der Lösung bildet sich unter Blaufärbung wieder das Triphenylrosanilinsalz, indem sich Ammoniak entwickelt; durch Wasserzusatz dagegen scheidet sich aus der gelblichen Lösung die reine Base als weisser oder gräulicher Niederschlag ab.

Zur Reindarstellung verfährt man am besten so, dass man eine Lösung der Base in ammoniakhaltigem Alkohol in Wasser giesst, wobei sich die Base als weisses Gerinnsel auf der Oberfläche abscheidet.

Während des Auswaschens und Trocknens nimmt der Niederschlag nach und nach eine bläuliche Färbung an. Die im Vacuum getrocknete Substanz wird durch Erhitzen tief braun und behält diese Farbe auch beim Erkalten. Bei 100° schmilzt sie leicht, jedoch ohne ihr Gewicht zu verändern.

Es war bis jetzt nicht möglich, das Triphenylrosanilin in deutlichen Krystallen darzustellen; es löst sich in Aether und Alkohol leicht, hinterbleibt aber als fast amorpher Rückstand.

Durch die Analyse wurde die Zusammensetzung der Basis als der des Muriates analog bewiesen. Sie entspricht der Formel:

$$C^{40}\frac{H^{16}}{3}(C^{12}\ H^5)\ N^3 + 2\ HO.$$

Es wurden von den Salzen des Triphenylrosanilins noch das jod- und bromwasserstoff-, salpeter- und schwefelsaure untersucht, deren Zusammensetzung der Formel der Basis auf das Vollkommenste entsprach. Diese Salze sind einander so ähnlich, dass es ohne Analyse unmöglich ist, sie von einander zu unterscheiden.

Kurz nach der Veröffentlichung dieser schönen und für das Verständniss des Blauprozesses so wichtigen Arbeit Hofmann's unternahm es Dr. H. Schiff, [1] der, beiläufig gesagt, mehr durch Aufstellung eleganter und gelehrt aussehender Formeln als neu aufgefundene Thatsachen bekannt ist, den bewährten Anilinchemiker zu berichtigen. Auf Grund seiner, wie er selbst zugiebt, unvollendeten Untersuchungen stellt er die Formel des Anilinblau's auf als $C^{76} H^{36} N^4 O$, während die empirische Formel Hofmann's davon wesentlich abweichend $C^{76} H^{33} N^3 O^2$ ist. Er betrachtet alsdann das Anilinblau, nicht wie Hofmann, als eine, dem Rosanilin ähnlich zusammengesetzte Base, sondern als eine Doppelverbindung von Rosanilin mit einem Triphenylamin, das seinerseits wiederum mit Wasser verbunden ist.[2] Es würde die Formel Schiff's also lauten:

$$C^{40} H^{19} N^3 + N \begin{cases} C^{12} H^5 \\ C^{12} H^5 \\ C^{12} H^5 \end{cases} + 2\, HO.$$

In würdiger aber bestimmter Weise wies Hofmann [3] diesen Einwand Schiff's zurück und bewies durch Aufstellung der Resultate neuer Analysen, die er mit verschiedenen Salzen der Basis anstellte, die Richtigkeit seiner Formel. Glücklicher Weise ist diese Wiederlegung der Schiff'schen Ansicht die Ursache einiger neuen wichtigen Entdeckungen von Seiten Hofmann's gewesen, die wir unten näher besprechen wollen.

Da man durch Vermischung von Blau und Fuchsin keine eigentlichen Violetts darzustellen vermag, indem man aus einer solchen Mischung das Roth und Blau durch allmähliges Färben einzeln ausziehen kann, während eine Lösung des Violetts von Anfang bis zu Ende nur dasselbe Violett ausgiebt, so ist man

---

1) Comptes rend. t. 56, p. 1234.

2) Nach unserer bisher beibehaltenen Auffassung ein Ammoniumoxyd, in dem drei Atome Wasserstoff durch Phenyl vertreten sind, und das seinerseits noch mit 1 Atom Wasser verbunden ist.

3) Polyt. Centralbl. 1865, p. 325. Journal f. prakt. Chemie. Bd. 93. p. 208.

gezwungen, anzunehmen, dass das Violett ein zwischen Roth
und Blau befindliches intermediäres Produkt ist, in der Weise,
dass, wenn das Fuchsin als chlorwasserstoffsaures Rosanilin
der Formel

$$C^{40} H^{19} N^3 \cdot H\,Cl$$

entspricht, und das Blau als Triphenylrosanilinsalz die Formel hat

$$C^{12} \, \frac{H^{16}}{3} (C^{12} H^5) \, N^3 \cdot H\,Cl,$$

die Violetts je nach ihrer Röthe als Körper von den intermediären Formeln

$$C^{40} \, \frac{H^{17}}{2} (C^{12} H^5) \, N^3 \cdot H\,Cl$$

oder

$$C^{40} \, \frac{H^{18}}{(C^{12} H^5)} \, N^3 \cdot H\,Cl$$

anzusehen sind. Die Erste der beiden Formeln kommt vielleicht dem Rothviolett, die Zweite dagegen der blauen Nüance
zu, während sich die dazwischen liegenden Nüancen als Gemische dieser beiden charakterisiren würden. Dass ausserdem
bei den rötheren Nüancen eine gleichzeitige Mischung mit Fuchsin, bei den blauesten dagegen eine Mischung mit Triphenylrosanilin stattfindet, ist höchst wahrscheinlich. Daraus würde
sich zu gleicher Zeit erklären, dass man, hauptsächlich aus
den rötheren Violetts, mit Salzsäure etwas rothen Farbstoff
ausziehen kann.

Einen gewissen Anhaltspunkt für die soeben ausgesprochene
Meinung bietet zu gleicher Zeit die Arbeit von W. H. Perkins über das Mauvein,[1]) die Base des sogenannten
Mauvefarbstoffes (s. oben das Verfahren Perkins' zur Darstellung eines Anilinvioletts aus Anilinsulphat und Kaliumbichromat).
Der genannte Chemiker setzt zu einer violetten Lösung des
Farbstoffes (schwefelsaures Mauvein) Kalilauge und erhält,
während die überschüssige Lösung in Blauviolett übergeht,
einen schwarzen, glänzenden Niederschlag, der dem gepulverten
Eisenglanze im höchsten Grade ähnlich ist. Es ist dies die
von ihm Mauvein benannte Base. Sie ist sehr beständig und

---

1) Annal. d. Chem. u. Pharm. Bd. 131. p. 201. Polyt. Centralbl. 1864,
p. 1308.

treibt das Ammoniak mit Leichtigkeit aus seinen Salzen aus. Bei 50° getrocknet entspricht sie bei der Analyse der Formel

$$C^{54}\,H^{24}\,N^4;$$

die Composition des Muriats wurde entsprechend gefunden der Formel

$$C^{54}\,H^{24}\,N^4\,.\,H\,Cl.$$

Nach den Mittheilungen von Perkins wurde er zur Aufstellung der oben angegebenen Formel durch folgende aus der Analyse sich ergebende Zahlen veranlasst

gefunden			berechnet
79,9 pCt.;	80,0 pCt.;	—	80,19 pCt. $= C^{54}$
5,98 „	5,72 „	—	5,94 „ $= H^{24}$
—	—	13,5;	13,87 „ $= N^4$
			100,00 pCt.

Die angeführten Zahlen differiren aber nicht sehr stark von denjenigen, welche man erhält durch Berechnung der Formel des Monophenylrosanilins

$$C^{40}\,{}^{H^{18}}_{(C^{12}\,H^5)}\,N^3 = C^{52}\,H^{23}\,N^3.$$

Die danach berechneten Ziffern sind

$$C^{52} = 82,7 \text{ pCt.}$$
$$H^{23} = 6,1 \text{ „}$$
$$N^3 = 11,1 \text{ „}$$
$$\overline{99,9 \text{ pCt.}}$$

Stellen wir das Mittel der aus den Analysen des Mauveins erhaltenen Zahlen zusammen mit denen der Monophenylrosanilinformel, so ergiebt sich, dass dieselben sehr ähnlich sind.

Mauvein	Monophenylrosanilin
80,0 pCt.	82,7 pCt.
5,9 „	6,1 „
13,5 „	11,1 „

Es ist danach sehr wahrscheinlich, dass das Mauvein von Perkins dem Monophenylrosanilin identisch ist und sich also vollkommen der von Hofmann aufgestellten Theorie anpasst. (D. Verf.)

Es sind von Mauvein bis jetzt folgende Verbindungen beschrieben. [1])

Das chlorwasserstoffsaure Mauvein (C^{54} H^{24} N^4 . H Cl), welches entsteht, wenn man die violette Lösung der Base in Alkohol direkt mit Chlorwasserstoffsäure versetzt. Es scheidet sich sodann die salzsaure Verbindung in kleinen Prismen ab, wenn man die Lösung kocht. Die einzelnen Krystalle vereinigen sich zuweilen in Büscheln und haben einen schönen, grünen Metallreflex. Es ist fast unlöslich in Aether, wenig löslich in Wasser und ziemlich löslich in Alkohol. Es gelang Perkins jedoch nicht, ein Salz zu erhalten, das mehr als ein Atom Säure einschliesst.

Mischt man die kalte alkoholische Lösung des eben beschriebenen Salzes mit dem Ueberschusse einer Lösung von Platinchlorid, so scheidet sich ein pulverförmiger krystallinischer Niederschlag aus, der sich bei der Untersuchung ausweist als die Doppelverbindung des Mauveinmuriates mit Platinchlorid und der Formel

$$C^{54} \ H^{24} \ N^4 \ . \ H \ Cl + Pt \ Cl^2$$

entspricht.

Bei Anwendung etwas erwärmter Lösungen erhält man oft ziemlich grosse Krystalle.

Dieses Doppelsalz besitzt den grünen Metallreflex des Hydrochlorats, hat aber nach dem vollständigen Trocknen einen vollkommenen Goldglanz.

Das Hydrochlormauvein-Chlorgold (C^{54} H^{24} N^4 . H Cl + Au Cl^3) erhält man in ähnlicher Weise wie die vorher beschriebene Chlorplatinverbindung. Es ist dieses Salz jedoch viel weniger schön als das vorige und scheint beim Umkrystallisiren auch etwas von seinem Goldgehalte einzubüssen.

Bei Einwirkung farbloser Jodwasserstoffsäure (freies Jod greift das Mauvein an) auf Mauvein erhält man in ähnlicher Weise, wie beim Hydrochlorat beschrieben, jodwasserstoffsaures Mauvein,

$$C^{54} \ H^{24} \ N^4 \ . \ H \ J,$$

das in grünlich metallglänzenden Prismen krystallisirt. Das Hydrojodat ist weniger löslich als das Hydrobromat und Hydrochlorat.

---

1) Kopp, Bulletin de la société industr. de Mulhouse. Avril 1865. p. 167.

Das Hydrobromat der Base
$$C^{54} H^{24} N^4 \,.\, H\,Br$$
ist dem Muriate sehr ähnlich, nur ist es weniger löslich als dieses.

Löst man freies Mauvein in einer kochenden Mischung von Alkohol und Essigsäure, so krystallisiren beim Erkalten schöne Krystalle von lebhaft grüngoldnem Lüstre, welcher den meisten Salzen des Mauveins zukommt. Die Formel des so dargestellten bei 100° C. getrockneten essigsauren Mauveins ist
$$(C^{54} H^{24} N^4 + HO) \,.\, (C^4 H^3 O^3).$$
Auffallend ist, dass diese Basis eine Verbindung mit der Kohlensäure eingeht, während dies keine der bis jetzt von uns betrachteten Farbebasen thut. Man kann jedoch in der That ein kohlensaures Mauveinsalz erhalten, wenn man durch eine siedende Lösung von Mauvein in Alkohol einen Strom von Kohlensäuregas leitet, das von der Lösung begierig verschluckt wird. Beim Erkalten scheidet sich das Carbonat in Prismen von grünlichem Metallglanze aus. Dieselben zersetzen sich jedoch sowohl beim scharfen Trocknen als auch beim Kochen ihrer Lösung.

Nach der mit diesen Krystallen angestellten Analyse scheinen sie ein Gemisch zu sein von Mauveinbicarbonat
$$(C^{54} H^{24} N^4 + HO) \,.\, CO^2 + HO \,.\, CO^2$$
und einfach kohlensaurem Mauveinsalze
$$(C^{54} H^{24} N^4 + HO) \,.\, CO^2.$$
Es ist noch im Allgemeinen zu bemerken, dass alle Salze des Mauveins stark hygroscopisch sind.

Das Mauvein sowie seine Salze gehen beim Erhitzen mit Anilin in einen blauen Farbstoff über. Es ist das vollkommen im Einklange mit unserer oben ausgesprochenen Meinung; denn das Monophenylrosanilin (Mauvein) wird sogleich in Diphenylrosanilin resp. Triphenylrosanilin übergehen, sobald ihm nur in dem zugesetzten Anilinöle das erforderliche Phenyl dargeboten wird.

Auch für sich erhitzt, geben die Salze des Mauveins blaue und blauviolette Farbstoffe.

Wie aus dem Rosanilin durch Anwendung von Reductionsmitteln das Leukanilin entstand, so ist es auch möglich, durch Reduction des Triphenylrosanilins einen farblosen Körper zu erhalten, der sich von dem vorigen nur durch ein Plus von 2 Atomen Wasserstoff unterscheidet, daher dem Leukanilin entspricht und von Hofmann deshalb **Triphenylleukanilin** genannt wurde.

Zu seiner Darstellung behandelt man die alkoholische Lösung des Chlortriphenylrosanilins mit Salzsäure und Zink, wodurch die Lösung sich rasch entfärbt und auf Zusatz von Wasser einen kaum krystallinischen, weissen Niederschlag fallen lässt, den man durch Waschen mit Wasser von Chlorzink reinigt, ihn dann in Aether, worin er leicht löslich ist, auflöst und beim Verdunsten der Flüssigkeit rein erhält. Die Analyse ergab

$$C^{76} H^{33} N^3 = C^{40} \underset{3}{\overset{H^{18}}{(C^{12} H^5)}} N^3.$$

Es ist leicht möglich, das Triphenylleukanilin **durch Oxydationsmittel in Triphenylrosanilin** umzuwandeln. Die farblose Lösung eines Salzes jener Basis nimmt beim Erhitzen mit einigen Tropfen Platinchlorid sogleich die intensiv blaue Farbe einer Triphenylrosanilinlösung an.

Zugleich mit den Untersuchungen über die Phenylsubstitute des Rosanilins veröffentlichte A. W. Hofmann[1] eine Arbeit **über die Substitution des Wasserstoffes im Rosanilin durch die Radikale der Alkohole.** Hofmann bewerkstelligte diese Substitution durch Behandlung des Rosanilins mit den Jodüren der betreffenden Alkoholradikale. Er erhielt dabei ein intensiv blaues Produkt. Seine Untersuchungen erstreckten sich auf die Einwirkung des Methyls, Aethyls und Amyls. Jodäthyl und Jodmethyl wirken leicht bei 100°, Jodamyl erfordert dagegen eine Temperatur von 160 bis 180°. Der Zusatz von Alkohol erleichtert die Reaction.

Das Aethylderivat ist ein Jodür, das sich leicht in Alkohol mit prachtvoll blauvioletter Farbe löst. Die färbende Kraft der Lösung ist kaum geringer als die des Rosanilins selbst. Es bietet, wie man erwarten durfte, mit dem Rosanilin grössere Analogie als die Triphenylverbindungen, und es liessen sich deshalb Schwierigkeiten bei der Trennung voraussehen, die man am besten in folgender Weise vermeidet.

---

1) Dingler's polyt. Journ. Bd. 170. p. 62. Comptes rend. t. 57, p. 25. Journ. f. Chemie u. Pharm. 1863. p. 473.

Das durch die Einwirkung erhaltene Jodür wurde durch Natron zersetzt und das Aethylderivat, das noch mit unverändertem Rosanilin gemengt war, von Neuem der Einwirkung von Jodäthyl ausgesetzt. Nach zweimaliger Behandlung wurde das Endprodukt durch Wasser aus der alkoholischen Lösung gefällt und als weiche harzartige Substanz erhalten, die beim Erkalten sich in eine feste, krystallinische Masse verwandelt, von einem Metallglanz, der zugleich an den der Phenylderivate erinnerte. Durch einmaliges Umkrystallisiren aus verdünntem Weingeist wurde sie rein erhalten und lieferte bei der Verbrennung und Jodbestimmung Zahlen, die für die Formel

$$C^{56} H^{36} N^3 J = C^{40} \; _3 \overset{H^{16}}{(C^4 H^5)} \; N^3 \; . \; C^4 H^5 J$$

sprechen. Man sieht, dass durch die wiederholte Aethylirung nicht das Hydrojodat des Triäthylrosanilins, sondern das Aethyljodat dieser Base gebildet wurde, was insofern interessant ist, als dadurch der Grad der Substitution angedeutet wird, deren das Rosanilin fähig ist.

Man kann sich nun weiter die Frage stellen: werden vielleicht durch Ersetzung des Wasserstoffes im Rosanilin durch andere Radicale, wie Aethyl, Methyl, Amyl auch andere Farben erzeugt wie Blau und „wird es der Chemie gelingen, systematisch färbende Moleküle darzustellen, deren besondere Nüance mit ebenso grosser Bestimmtheit vorausgesagt werden kann, als man jetzt den Siedepunkt und andere physikalische Eigenschaften von Körpern voraus bestimmt, deren Existenz man a priori voraussetzt?"

Wegen der grossen Intensität und Brillanz der Farbe hielt es nicht schwer, dieselbe in die Praxis einzuführen, und Hofmann nahm für diesen Zweck am 22. Mai 1863 ein Patent für England aus auf ein Verfahren, Violett mit Hülfe der Jodüre von Alkoholradikalen aus dem Rosanilin darzustellen.

Nach der Specification dieses Patents verfährt er folgendermassen.

Ein Gewichtstheil Fuchsin, zwei Gewichtstheile Jodäthyl und ungefähr zwei Theile starken Methyl- oder Aethylalkohols werden in einem für solche Zwecke geeigneten, verschlossenen Gefässe von Glas oder Metall auf 212° F. (100° C.) erhitzt. Der angewendete Apparat muss natürlich dem dabei entstehen-

den Drucke gemäss construirt sein. Man erhitzt unter diesen
Umständen 3—4 Stunden oder bis die ganze Masse in eine
neue violette. Farbesubstanz übergegangen ist. Man lässt alsdann erkalten, öffnet den Apparat und löst die darin enthaltene
syrupdicke Masse nach dem Ausgiessen oder im Apparate
selbst in Holz- oder gewöhnlichem Alkohol, welche Lösung
direkt zum Färben und Drucken verwendet werden kann.

Um das etwas kostspielige Jod wieder zu gewinnen, kocht
man die aus dem Kessel gewonnene Substanz vor oder nach
ihrer Auflösung in Alkohol mit einem Alkali, wodurch die Basis des Farbstoffes in unlöslicher Form erhalten wird, während
das Jod, mit dem Alkali verbunden, in Lösung geht. Nachdem die gefällte Basis von allen anhängenden Salzen befreit
ist, löse man sie in mit Chlorwasserstoffsäure versetztem Alkohol nnd verwende sie so zum Färben oder aber man löse
sie in Wasser und Essigsäure.

Durch diesen Prozess wird ein neuer Farbstoff erhalten,
der Wolle und Seide in schönen roth- und blauvioletten Nüancen färbt.

Statt des Aethyljodürs können die Jodüre des Methyls,
Amyls und Propyl-Capryls dienen, ebenso kann das Jod in
seinen Verbindungen durch Brom vertreten werden.

Man erhält in der That durch dieses Verfahren ein Violett, das die bis dahin bekannten hauptsächlich an Brillanz
der Farbe bei weitem übertraf und sich zu gleicher Zeit in
allen bekannten Violettnüancen erhalten liess. Es dauerte daher nicht lange, bis es in fast allen Anilinfarbenfabriken eingebürgert war.

Zuerst wurde der Farbstoff von der Londoner Firma Simpson, Maule und Nicholson, an welche der Erfinder sein Verfahren direkt verkauft haben soll, dargestellt, bald darauf auch
von Rudolph Knosp in Stuttgart und nicht lange nachher auch
von französischen Fabriken, und es giebt jetzt wohl nicht
leicht eine grössere Fabrik, die das „Hofmann'sche Violett" nicht fabricirte.

Mit der Zeit und der Vervollkommnung des Verfahrens
gelang es, statt der zuerst beliebten brillanten rothen Violettnüancen, blauere zu erzeugen, die schöner sind, als die auf
gewöhnlichem Wege dargestellten. Es scheint jedoch, dass die
Violetts durch die Bläuung, welche natürlich nur durch län-

gere Behandlung erzielt werden kann, zugleich einen Theil
ihrer Frische und Lebhaftigkeit verlieren. Man hat in neuester
Zeit sogar Violetts dargestellt, die man wohl eigentlich rich-
tiger rothstichige Blau's nennen könnte, und es sollen auch
schon grünblaue Nüancen, nach Hofmann's Verfahren erzeugt,
vorkommen, was aber bis jetzt noch sehr zu bezweifeln ist.

Was die Apparate anbelangt, welche man zur Darstellung
des Violetts anwendet, so sind dieselben sehr einfacher Natur.
Es sind kupferne oder emaillirt-eiserne, geschlossene Kessel,
die ihre grösste Ausdehnung in der Höhe oder aber in der
Weite haben, deren Deckel aufgeschliffen ist und mit Schrauben befestigt werden kann. Zur Dichtung verwendet man
Kautschuk, Pappe, Blei und andere Dichtungsmaterialien. Die
Kessel werden so gearbeitet, dass sie einen Druck von 6 Atmosphären auszuhalten im Stande sind und dürfen kein Sicherheitsventil erhalten, da ein solches nicht dicht gehalten werden
kann. Die Erhitzung geschieht in kochendem Wasser, am besten in einem mit Wasser gefüllten Bottiche, dessen Füllung
mit Dampf im Kochen erhalten wird.

Eine je blauere Nüance man erhalten will, um so länger
muss die Erhitzung im Kessel dauern, ganz analog der Darstellung des gewöhnlichen Violetts.

In Betreff der vortheilhaftesten Darstellung der erforder-
lichen Jodpräparate, der besten Behandlung des aus dem Kessel genommenen Farbstoffes, so wie der zweckmässigsten Wiedergewinnung des Jods hat jede Fabrik ihre besonderen Verfahrungsarten, die wir an dieser Stelle nicht weiter besprechen
können.

Der getrocknete fertige Farbstoff hat einen lebhaften Bronce-
lustre und kommt im Handel unter dem Namen Hofmanns-
violett oder Primula vor.

Bei Gelegenheit der Widerlegung der Schiff'schen Blau-
formel durch Hofmann [1]) (siehe oben p. 114) theilte derselbe
einige neue höchst interessante Resultate seiner fortgesetzten
Arbeiten über Anilinderivate mit. Wir hätten dieselben allerdings besser an die Betrachtungen über Anilin anknüpfen sollen, wurden jedoch von der Ansicht geleitet, dass das Ver-

---

1) Beiträge zur Kenntniss der Kohlentheerfarbstoffe, polyt. Centralbl.
1865, p. 325. Journ. f. prakt. Chemie. Bd. 93. p. 208.

ständniss der Sache wesentlich gewinnen würde, wenn wir die gedachte Arbeit an dieser Stelle besprächen.

Unterwirft man Rosanilin der trocknen Destillation, so erfolgt eine unregelmässige Zersetzung; unter reichlicher Ammoniakentwickelung geht eine beträchtliche Menge (40 bis 50 pCt.) flüssiger Basis über, während eine aufgeblasene Kohle in der Retorte zurückbleibt. Der Hauptbestandtheil des flüssigen Destillates ist Anilin.

Aethylrosanilin, das käufliche Anilinviolett, zeigt bei der Destillation ganz ähnliche Erscheinungen. Aus dem flüssigen Destillate liess sich in diesem Falle durch fractionirte Destillation eine erhebliche Menge Aethylanilin abscheiden, dessen Gegenwart durch die Untersuchung des Platinsalzes festgestellt wurde.

Ueber die Beziehungen des mittelst Jodäthyls dargestellten Anilinvioletts zu dem Anilinroth konnte also kein Zweifel obwalten.

Wenn nun, wie die Analyse zeigt, das Anilinblau zu dem Anilinroth in einem ähnlichen Verhältnisse steht, so konnte man erwarten, dass sich unter den Destillationsprodukten des Anilinblau's, das heisst des Phenylrosanilins, das Phenylanilin, das Diphenylamin also

$$N \begin{cases} C^{12} H^5 \\ C^{12} H^5 \\ H \end{cases}$$

würde auffinden lassen. Der Versuch hat diese Ansicht auf das unzweifelhafteste bestätigt.

Charles Girard in Lyon hat eine beträchtliche Menge Anilinblau's zu diesem Versuche geopfert. Das von diesem an A. W. Hofmann gesandte Produkt war braun und dickflüssig. Die Rectification ergab eine schwach gefärbte Flüssigkeit und das bei 300° C. stationär werdende Thermometer bekundete die Destillation einer bestimmten Verbindung.

Als die zwischen 280 und 300° C. übergehende Flüssigkeit mit Chlorwasserstoffsäure versetzt wurde, erstarrte sie alsbald zu einem zumal in Chlorwasserstoffsäure schwer löslichen Chloride, welches durch Waschen mit Alkohol und endlich durch Umkrystallisiren aus diesem Lösungsmittel leicht gereinigt werden konnte. Mit Ammoniak zersetzt, lieferte es farblose Oeltropfen, welche sich nach einigen Augenblicken in eine harte, weisse, krystallinische Masse verwandelten.

Die so erhaltenen Krystalle besitzen einen eigenthümlichen Geruch und aromatischen, aber brennenden Geschmack. Sie schmelzen bei 15° C. zu einem gelben Oele, welches bei 200° C. constant siedet. In Wasser sind sie fast unlöslich, in Alkohol und Aether dagegen leicht löslich. Weder die wässrige noch die alkoholische Lösung zeigt irgend welche alkalische Reaction. Mit concentrirter Säure übergossen, verwandeln sich die Krystalle augenblicklich in die entsprechenden Salze, welche aber ausserordentlich geringe Beständigkeit besitzen. Schon beim einfachen Uebergiessen mit Wasser scheidet sich die Base in Gestalt von Oeltropfen ab, welche gleich zu Krystallen erstarren. Aus dem chlorwasserstoffsauren Salze zum Beispiel lässt sich jede Spur Säure durch längeres Waschen mit Wasser entfernen.

Die Analyse der Base hat zu der Formel

$$C^{24} H^{11} N$$

geführt. Die Zusammensetzung des chlorwasserstoffsauren Salzes, welches sich durch Umkrystallisiren aus Alkohol in weissen, an der Luft bald blau werdenden Nadeln erhalten lässt, ist dementsprechend

$$C^{24} H^{11} N . HCl.$$

Nach der Entstehung sowohl als nach der gefundenen Zusammensetzung betrachtet Hofmann die so dargestellte Verbindung als ein Diphenylamin, das sich vom Monophenylamin (Anilin) nur dadurch unterscheidet, dass ein Atom Wasserstoff mehr durch das Radical Phenyl ($C^{12} H^5$) ersetzt ist. Es wäre demnach

$$C^{24} H^{11} N = \left. \begin{array}{c} C^{12} H^5 \\ C^{12} H^5 \\ H \end{array} \right\} N.$$

Der Entdecker bemerkt jedoch zu gleicher Zeit, dass der strenge experimentelle Beweis für diese Annahme noch fehlt, indem er bei der Aethylirung auf Schwierigkeiten gestossen ist, welche sich bis jetzt nicht haben beseitigen lassen. Hofmann glaubt auf diesen Umstand um so mehr Gewicht legen zu müssen, als frühere Erfahrung bei dem mit dem Diphenylamin isomeren Xenylamin,

$$C^{24} H^9 \atop H \atop H \Big\} N,$$

das derselbe längere Zeit als Diphenylamin ansprach, die Noth-
wendigkeit systematisch durchgeführter Aethylirung für die Erkenntniss der wahren Natur derartiger Körper aufs Neue bestätigt hatte.

Das Diphenylamin zeigt eine eigenthümliche Reaction,
welche diesen Körper von allen analogen, bis jetzt bekannten
leicht unterscheiden lässt und gleichzeitig einen Nach-
weis seiner Beziehung zu dem Farbe gebenden Anilin liefert.

Mit concentrirter Salpetersäure übergossen, farbt sich das
Diphenylamin sowie seine Salze sogleich prachtvoll
blau. Die Färbung zeigt sich am schönsten, wenn man die
Base mit concentrirter Chlorwasserstoffsäure übergiesst und
alsdann tropfenweise Salpetersäure zufügt. Sogleich färbt sich
die ganze Flüssigkeit tief indigblau. Mittelst dieser Reaction
lässt sich die Gegenwart selbst kleiner Mengen von Diphenylamin nachweisen. Es gelang dem Entdecker sogar, auf diese
Weise die Base unter den Destillationsprodukten des Rosanilins, des Leukanilins und selbst des Melanilins nachzuweisen,
oder seine Gegenwart unter den Destillationsprodukten dieser
Körper wenigstens wahrscheinlich zu machen; denn es könnten sich ja später noch andere Körper finden, welche ein ähnliches Verhalten zeigen.

Es sei mir hier verstattet über die Entstehung der blauen
Färbung bei Behandlung von Diphenylamin mit Oxydationsmitteln eine Ansicht zu äussern, die sich Jedem aufdrängen
muss, der nur im mindesten über den etwaigen Zusammenhang
der betreffenden Formeln nachgedacht hat. Die Formel des
Triphenylrosanilins (Anilinblau) ist

$$C^{40}_{3} \left({H^{16} \atop C^{12} H^5} \right) N^3 = C^{76} H^{31} N^3,$$

die Formel des Diphenylamins dagegen

$$C^{12} H^5 \atop C^{12} H^5 \atop H \Big\} N = C^{24} H^{11} N.$$

Die Zusammensetzung des Triphenylrosanilins ist demnach
der des Diphenylamins gleich, wenn ein geringer Theil des
Wasserstoffes auf irgend welche Art, durch Oxydation z. B.

zu Wasser, austritt. Nehmen wir an, wir hätten Diphenylamin mit Chlorwasserstoffsäure versetzt und fügen nachher
etwas Salpetersäure, d. h. mittelbar freien Sauerstoff hinzu, so
können wir durch Summirung leicht die Zusammensetzung des
chlorwasserstoffsauren Triphenylrosanilins oder des gewöhnlichen
im Handel vorkommenden Blau's erhalten; denn es ist

$$3 \left. \begin{array}{l} C^{12}\,H^5 \\ C^{12}\,H^5 \\ H \end{array} \right\} N + 2O + HCl = C^{40}{}_3 \left(C^{12}\,\overset{H^{16}}{H^5} \right) N^3 \,.\, HCl + 2\,HO.$$

Selbstverständlich soll die eben ausgesprochene Hypothese
nur eine subjective Ansicht und in keiner Weise maassge-
bend sein.

Die Auffindung des Diphenylamins unter den Zersetzungs-
produkten des Anilinblaues führte Hofmann zu der Prüfung
des Verhaltens analog gebildeter Körper in ähnlicher Richtung.
Seine Aufmerksamkeit richtete sich zunächst auf denjenigen
Farbstoff, welchen man als Toluidinblau bezeichnen kann.

Erhitzt man ein Rosanilinsalz, also z. B. das Acetat, —
man vergleiche das oben bei der Bildung von Anilinblau mit
Essigsäure Gesagte — mit seinem doppelten Gewichte an Toluidin, so wiederholen sich sämmtliche Erscheinungen, welche
man bei dem entsprechenden Versuche mit Anilin beobachtet.
Unter starker und dauernder Ammoniakentwickelung durchläuft
das Rosanilin nach und nach sämmtliche Nüancen von Violett,
bis es endlich nach 5 bis 6 Stunden in eine braune, metallglänzende Masse verwandelt ist, welche sich in Alkohol mit
tief indigblauer Farbe auflöst. Diese Masse ist das essigsaure Tritolylrosanilin. Durch Behandlung mit alkoholi-
schem Ammoniak und Wasserzusatz erhält man die Base, aus
der sich die verschiedenen Salze darstellen lassen. Es wurde
nun eins derselben und zwar das chlorwasserstoffsaure analy-
sirt. Mehrmals aus siedendem Alkohol umkrystallisirt, erhält
man dasselbe in Gestalt blauer, in Wasser unlöslicher Krystalle, welche bei 100° C. getrocknet, der Formel

$$C^{82}\,H^{38}\,N^3\,Cl$$

entsprechen. Die rationelle Formel würde ein Rosanilinsalz
ergeben, in dem drei Atome Wasserstoff, nicht wie beim Triphenylrosanilin durch Phenyl ($C^{12}\,H^5$), sondern durch Toluyl
($C^{14}\,H^7$) vertreten sind.

$$C^{40} \, _3 \, {}^{H^{16}}_{(C^{14} \, H^7)} \, N^3 \, . \, H\,Cl.$$

Die Bildung des Toluidinblau's ist mithin der des Anilinblau's vollkommen analog und würde sich folgendermassen veranschaulichen lassen:

$$(C^{40} \, H^{19} \, N^3 \, . \, HO) \, . \, C^4 \, H^3 \, O^3 \; + \; 3\,N \begin{cases} C^{14} \, H^7 \\ H \\ H \end{cases} = 3\,N \begin{cases} H \\ H \\ H \end{cases} +$$

essigsaures Rosanilin. \qquad Toluidin. \qquad Ammoniak.

$$(C^{40} \, _3 \, {}^{H^{16}}_{(C^{14} \, H^7)} \, N^3 \, . \, HO) \, . \, C^4 \, H^3 \, O^3.$$

essigsaures Tritoluylrosanilin.

Die Verbindungen dieser Gattung sind im Allgemeinen löslicher als die entsprechenden Phenylverbindungen und deshalb minder leicht in reinem Zustande zu gewinnen.

Anilingrün.

Dass salpetersaures Anilin in Lösung beim Stehen an der Luft blaue und grüne Efflorescenzen erzeugt, war eine allbekannte Thatsache, aber erst verhältnissmässig spät versuchte man durch Oxydation der Anilinsalze ein grünes Pigment zu erzeugen.

Das nach Depouilly und Lauth aus den Anilinsalzen mit Hülfe von unterchlorigsauren Salzen dargestellte Violett, wird in Lösung von chlorsaurem Kali heftig angegriffen. Es entsteht dabei ein grüner Niederschlag, der beim Erwärmen unter 80° C. in Blau übergeht.

Trennt man nach Willm die überstehende Flüssigkeit von dem grünen Sedimente, so ist diese im Stande, eingetauchtes Wollenzeug, das man der Einwirkung der atmosphärischen Luft aussetzt, grün zu färben.

Im Juni 1860 wurde Fr. Calvert C. Lowe und S. Clift[1] ein Patent für England ertheilt, einen unauflöslichen grünen Farbstoff, Emeraldin, auf der Zeugfaser zu erzeugen und denselben durch Einwirkung von Alkalien oder Oxydationsmitteln in Blau umzuwandeln.

Zur Erzeugung des grünen Farbstoffes verfahren die Patentträger so, dass sie das zu färbende Gewebe mit einer oxydirenden Substanz, nämlich mit einer Auflösung von etwa 8 Loth chlorsaurem Kali in 10 Pfund Wasser imprägniren, es sodann trocknen und endlich mit der Auflösung eines sauren Anilinsalzes, die etwa 1 pCt. Anilin enthält, grundiren oder bedrucken. Sie geben unter den Salzen des Anilins dem Tartrate und Hydrochlorate den

---

1) Repert. of Patent inventions. 1861. p. 199.

Vorzug. Man lässt sodann die Waare 12 Stunden lang in einem Lokale aufgehängt, in welchem sie der Einwirkung der Wärme und Feuchtigkeit zu gleicher Zeit ausgesetzt ist. Nach dieser Zeit ist die Farbe vollständig entwickelt.

Man sieht also, dass dieses Verfahren dem Willm'schen ganz ähnlich ist.

Statt sich der Mühe einer zweimaligen Operation zu unterziehen, kann man auch so verfahren, dass man das Gewebe klotzt oder bedruckt mit einer Mischung aus „3 Pfund einer Auflösung von saurem weinsaurem Anilin, welche 1 Pfund Anilin enthält, 60 Pfund Stärkekleister und einem Pfunde chlorsauren Kalis." Das chlorsaure Kali wird in dem noch heissen Stärkekleister aufgelöst und die Auflösung des sauren Anilinsalzes erst nach dem Erkalten zugesetzt.

Man kann den durch diese Methoden erzeugten grünen Farbstoff in Blau überführen, wenn man ihn mit einer schwachen Auflösung von Aetznatron oder Seife kocht. Es werden dazu auf 10 Pfund Wasser 2 Loth Aetznatron oder 8 Loth Marseiller Seife angewendet.

Denselben Erfolg erzielt man durch eine Auflösung von 2 Loth chromsaurem Kali in 10 Pfund Wasser.

Auf demselben Prinzipe beruht die Darstellung eines grünen und blauen Farbstoffes nach der deutschen Musterzeitung.[1])

Man nimmt nach dem hier angegebenen Recepte 10 Theile Anilin, welche mit 15 Theilen Salpetersäure, die man vorher mit ihrem sechs- bis achtfachen Gewichte an Wasser verdünnt hat, übersättigt sind, und verdickt mit Gummi oder Dextrin. Der so entstandenen Masse fügt man noch 10 Theile Zucker und 4 bis 8 Theile fein geriebenes chlorsaures Kali oder Natron hinzu.

Von den noch mitgetheilten Recepten für denselben Zweck enthält das Eine 10 Theile Anilin, 12 Theile Salpetersäure, 50 Theile Wasser, 4 Theile Zucker und 2 bis 4 Theile chlorsauren Natrons, während ein Zweites besteht aus 10 Theilen Anilin, 50 Theilen Salzsäure, 50 Thei-

---

1) 1861, No. 6.

len Wasser, 4 Theilen Zucker und 1½ bis 3 Theilen chlorsaurem Natron.

Zur Verdickung wird eine genügende Menge Gummi zugefügt.

Die so bereitete Masse überlässt man in der Kälte sich selbst, bis sie anfängt eine bläuliche oder grünliche Farbe anzunehmen, wodurch der Beginn der Reaction angezeigt ist.

Mit der so weit fertigen Farbe **bedrucktes Baumwollenzeug wird der Luft ausgesetzt** und färbt sich nach **24—36 Stunden schön dunkelgrün.** Zur Fixirung der **Farbe** braucht man die Zeuge nur bei einer gelinden Temperatur zu trocknen.

In schwach angesäuertem Wasser bleiben die Dessins grün, **während sie, durch eine schwach alkalische Lösung genommen, blau erscheinen und bei jedesmaligem Durchnehmen durch Säure ihr Grün wieder erhalten.**

Es ist aus diesem Verhalten genugsam bewiesen, dass der hier zur Anwendung gekommene blaue wie grüne Farbstoff **ein und derselbe Körper sei,** dessen Farbe sich nach der angewendeten Behandlung **ähnlich wie Lacmus** wesentlich modificirt.

Im Allgemeinen jedoch geben alle diese Prozesse unbestimmte Resultate; auch war die Operation an sich, welche erst der Färber vornehmen musste, zu complicirt. Man stellte daher lange Zeit ein sogenanntes Anilingrün dar, das im Wesentlichen ein Gemenge von Anilinblau und Pikringelb war. Diese Mischung hatte jedoch, obgleich das Färben mit derselben nicht mühevoller war als mit anderen Anilinfarben, den grossen Nachtheil, dass die damit gefärbten Stoffe hauptsächlich bei künstlicher Beleuchtung, einen bedeutenden Stich ins Graue zeigten.

Das Haus J. J. Müller & Co. in Basel hatte schon lange vergebliche Anstrengungen gemacht, sich in den Besitz eines Verfahrens zu setzen, nach dem man ein Anilingrün erzeugen kann, dessen Ausfärbung nicht mühevoller sei als die der übrigen Anilinfarben, während zugleich die Farbe selbst den übrigen Anilinfarben an Brillanz nicht nachstände. Im Jahre 1863 wurden diese Bemühungen von einem günstigen Resultate gekrönt; das dargestellte Grün hatte alle Vorzüge der übrigen Anilinfarben, ohne die Nachtheile der bis dahin bekannten grünen Anilinpigmente zu theilen.

Nicht lange Zeit nachher fing die Firma Meister, Lucius & Co. in Höchst bei Frankfurt a. M. an, dasselbe Anilingrün zu fabriciren, dessen Darstellungsweise durch Mittheilung an sie gekommen zu sein scheint. Ebenso fabricirten es mehrere Fabrikanten des Rheinlandes. Im Februar des Jahres 1864 erhielt die Firma L. J. Levinstein (jetzt G. und A. Levinstein) in Berlin ein Patent für Preussen auf ein Verfahren, grünes Anilinpigment darzustellen. Auch das Verfahren dieser Firma ist höchst wahrscheinlich aus dem Müller'schen hervorgegangen.

Wie wir schon oben besprochen haben, kann man durch Behandlung einer Lösung von Fuchsin in verdünnter Schwefelsäure mit Aldehyd in der Wärme eine violette, ja blaue Färbung erhalten. Dieselbe geht sogar bei einer längeren Einwirkung in Grün über. Dieses Grün ist jedoch an und für sich noch nicht haltbar, und eben in dieser Haltbarmachung desselben besteht der Fortschritt im Müller'schen Verfahren.

Um eine gute, für Färberei brauchbare Lösung des Anilingrüns zu erhalten, werden 4 Theile gut krystallisirten, möglichst harzfreien Fuchsins in einer Mischung von 6 Theilen englischer Schwefelsäure und 2 Theilen Wasser gelöst, und diese Lösung in einem Kolben so lange mit 16 Theilen Aldehyd[1]) unter Umrühren auf 100° C. erhitzt **bis ein Tropfen der entstandenen Farbflüssigkeit in mit Schwefelsäure schwach angesäuertes Wasser gebracht, dasselbe rein blau färbt.** Die Anwendung schlechten Aldehyds zeigt sich hierbei durch eine rothblaue bis schmutzig violette Färbung, und die erhaltene Flüssigkeit ist für Grünbereitung nicht zu verwenden. Die Flüssigkeit im Kolben nimmt zugleich einen grünlichen Reflex an.

Da von der Güte des angewendeten Aldehydes die Brauchbarkeit des erzeugten Anilin**grünes** zum grössten Theile abhängt, so erscheint es mir geboten, einige

---

1) Es muss dies ein sehr gutes aus Chromsäure und Alkohol erhaltenes Produkt sein.

Worte über die Fabrikation dieses Präparates zu sagen, um so mehr, als ich selbst diesen Stoff centnerweise dargestellt habe. Der Name Aldehyd ist eine Bezeichnung, welche durch Zusammenziehung des von Liebig, dem Entdecker dieses Körpers, demselben gegebenen Namen, „**Alcohol dehyd**rogenatus" entstand. Die Bezeichnung wird dadurch gerechtfertigt, dass Liebig fand, man könne das Aldehyd erhalten, wenn dem Alkohol ein Theil seines Wasserstoffes entzogen würde.

$$\underbrace{(C^4 H^5 O + HO)}_{\text{Alkohol}} - \underbrace{2 H}_{\text{Wasserstoff}} = \underbrace{C^4 H^4 O^2}_{\text{Aldehyd}}.$$

Was seine chemische Constitution anlangt, so gehört es unzweifelhaft zu den Oxydationsprodukten des Acetyls ($C^4 H^3$) dem hypothetischen Radikale der Essigsäure, da es bei der Oxydation mit Leichtigkeit in diese Säure übergeht.

$$\underbrace{C^4 H^4 O^2}_{\text{Aldehyd}} + 2 O = \underbrace{C^4 H^4 O^4}_{\text{Essigsäure}}.$$

Am auffallendsten zeigt sich diese Erscheinung, wenn man eine Auflösung von salpetersaurem Silberoxyd, die mit wenig Ammoniak versetzt wurde, mit Aldehyd mischt. Nach einiger Zeit hat sich die Wand des Gefässes, in dem die Mischung vorgenommen wurde, mit einem glänzenden Silberspiegel überzogen. Man kann in der überstehenden Flüssigkeit nach der Einwirkung Essigsäure nachweisen.

Wir sehen das Aldehyd an als das Oxyd des Acetyls, verbunden mit 1 Atom Wasser, also als Acetyloxydhydrat und schreiben seine Formel demnach

$$\underbrace{(C^4 H^3)}_{\text{Acetyl}} . O + HO.$$

Die Essigsäure, das Oxydationsprodukt des Aldehydes bezeichnen wir als

$$\underbrace{(C^4 H^3)}_{\text{Acetyl}} O^3 + HO.$$

Im chemisch reinen Zustande erhält man das Aldehyd durch Zersetzung seiner Verbindung mit Ammoniak.

Man kann dieses Aldehydammoniak ($C^4 H^3 O + HO + N H^3$)[1] als kleine rhomboëdrische Krystalle erhalten, wenn man in eine Auflösung von unreinem Aldehyd in Aether Ammoniakgas leitet. Durch Zersetzung dieser Krystalle mit concentrirter Schwefelsäure erhält man chemisch reines Aldehyd, das man abdestillirt, während schwefelsaures Ammoniak im Rückstande bleibt.

So dargestellt ist das Aldehyd eine wasserhelle, sehr bewegliche Flüssigkeit von eigenthümlich „erstickendem“ aber nicht unangenehmem Geruche. Sein spezifisches Gewicht ist 0,801; es siedet bei 21°. Es mischt sich in jedem Verhältnisse mit Alkohol, Aether und Wasser.

Alkohol und Aether in Dampfform mit atmosphärischer Luft gemengt oder allein durch glühende Röhren geleitet; Oel, Alkohol oder Aether verbrannt bei unzureichendem Luftzutritte; Milchsäure und Lactate beim blossen Erhitzen, ebenso ameisensaure und essigsaure Salze gemischt geben Aldehyd. Die einzige Methode jedoch, nach welcher man Aldehyd im Grossen bis jetzt dargestellt hat, ist durch Verbrennung des Alkohols bei unzureichendem Zutritt von Sauerstoffgas, und zwar wendet man überwiegend für diesen Zweck den Sauerstoff in statu nascenti an; man kann grössere Mengen Aldehyd's darstellen, wenn man den Alkohol mit einer Mischung von Braunstein und Schwefelsäure oxydirt.

Zu dem Ende erhitzt man 2 Theile Alkohol, 3 Theile Braunstein, 3 Theile Schwefelsäure und 2 Theile Wasser in einer Retorte und fängt die übergehende Flüssigkeit so lange auf, bis sie stark sauer schmeckt. Das so erhaltene Aldehyd ist aber sehr mit Wasser verdünnt und enthält ausserdem noch viele andere Oxydationsprodukte des Alkohols. Man muss daher das Destillat erst noch einige Male rectificiren, ehe es für unsere Zwecke brauchbar wird.

---

1) Viele, welche, dem Aldehyd saure Eigenschaften beilegend, dasselbe als eine schwache Säure — acetylige Säure — ansprechen, betrachten das Aldehydammoniak als acetyligsaures Ammoniumoxyd und schreiben seine Formel

$$NH^4 O . C^4 H^3 O.$$

Dagegen erhält man das Aldehyd sogleich für die Grünfabrikation brauchbar, wenn man folgendermassen verfährt.

In eine sehr geräumige Retorte, welche durch das Gemisch nur zu einem Drittel angefüllt werden darf und zugleich einen Tubus besitzt, schüttet man

    30 Theile chromsaures Kali,

welche man in der Retorte mit

    32 Theilen absolutem Alkohol

übergiesst.

Man bringt nun die Retorte in ein Fass, das mit trockenem Sande angefüllt ist und umgiebt ihren Bauch soweit mit dem Sande, als man glaubt, dass sie durch die ganze Mischung angefüllt werden wird. Nachdem man die Retorte in dieser Art fest in den Sand eingebettet hat, verbindet man sie mit einer **sehr guten Kühlung,** am besten einer recht langen Schlange aus Metall. Nachdem man auch den Recipienten in Bereitschaft gestellt und den Tubus der Retorte mit einem Korke geschlossen hat, der durchbohrt ist und durch den hindurch ein Sicherheitstrichter in das Innere der Retorte führt, kann der Process beginnen.

Man bereitet nun in einem geeigneten Gefässe eine Mischung von

    35 Theilen Schwefelsäure und

    30 Theilen Wasser,

die man **noch heiss** in kleinen Portionen in das Innere der Retorte bringt. Ist etwa die Hälfte der ganzen Schwefelsäure in der Retorte, so fängt die Flüssigkeit in derselben an, heftig zu wallen und zu steigen, unter lebhaftem Kochen bildet sich auf der Oberfläche ein grüner Schaum, während zu gleicher Zeit ein starker Strom von dampfförmigen Aldehyd entweicht. Ist die Kühlung nicht stark genug, so ist für Explosionen die beste Gelegenheit gegeben. Nach und nach legt sich die Heftigkeit der Einwirkung und nun beeilt man sich, das übrige noch heisse Gemisch von Schwefelsäure und Wasser zuzusetzen.

Man hat bei der ganzen Operation nicht nöthig zu erwärmen, ja **ein Erwärmen** ist sogar **höchst gefährlich,** weil es die Aldehydentwicklung zu momentan macht und leicht Unglücksfälle herbeiführt. Der Alkohol, der in der Retorte selbst, wenn auch nur theilweise „**verbrennt**", giebt Hitze genug, um das gebildete Aldehyd destilliren zu lassen. Gewöhnlich wird **durch Erhitzung** auch zu gleicher Zeit **das Destillat bedeutend verschlechtert.**

Das so gewonnene Aldehyd ist ohne Weiteres für Anilingrünfabrikation brauchbar und braucht in keinem Falle nochmals destillirt zu werden. Es besitzt vollkommen den eigenthümlich „erstickenden" Geruch des chemisch reinen Aldehyds.

Bei der Aufbewahrung dieses Präparates sind alle Cautele und zwar in noch höherem Maasse zu berücksichtigen, die für die Aufbewahrung von Aether etc. geboten erscheinen.

Die mit solchem Aldehyd behandelte Rosanilinlösung wird nun in eine kochende Lösung von unterschwefligsaurem Natron in Wasser unter fortwährendem Umrühren eingegossen. Dabei treten zwei verschiedene Farbebildungen auf. Die mit Aldehyd versetzte Flüssigkeit färbt das im bedeutenden Ueberschusse angewendete Wasser schön und saftig grün, während aber zu gleicher Zeit in der Flüssigkeit ein schmutzig blaugrau gefärbter Körper suspendirt ist. **Die Erzeugung dieses Körpers ist der Fluch der Anilingrünbereitung.** Es bildet sich nämlich in weit grösserer Menge als das auflösliche Grün und ist vermöge seiner feinen Vertheilung in der Flüssigkeit nur mit der allergrössesten Mühe abzuscheiden. Er vertheuert daher nicht nur die Darstellung des grünen Pigmentes bedeutend, sondern ist auch selbst als ein schwierig abzusetzender Artikel ein grosses Hemmniss für den Betrieb der betreffenden Fabriken. Man muss ihn jedoch sehr sorgfältig abscheiden, da die geringste Menge desselben, dem fertigen Grün beigemischt, eine Verschlechterung der grünen Farbe herbeiführt. Abgeschieden und getrocknet stellt er, ähnlich dem besten Blau, einen Körper mit kupferartigem Reflexe dar, der schon in Wasser sehr löslich und an Farbkraft sehr reich, ohne seinen Stich ins Graue einen sehr schätzbaren Farbartikel abgeben würde.

Die von dem graublauen Farbstoff, unter dem Namen Argentin zuweilen im Handel vorkommend, abfiltrirte Flüssigkeit zeigt ein schönes, saftiges Grün, selbst bei Abend ohne den geringsten Stich ins Graue. Im Anfange verkaufte man die so erhaltene Flüssigkeit als Anilingrünliquid direkt zum Färben, bald aber fing man an, den Farbstoff en pâte und sogar in Pulverform darzustellen.

Der gelbgrüne Farbstoff geht bei der Neutralisation der sehr sauren Flüssigkeit mit Alkalien in Blaugrün und endlich in Blau über und kann durch Uebersättigung mit kohlensaurem Natron leicht und vollständig gefällt werden. Der so gefällte Farbstoff wurde wirklich von manchen Fabriken in den Handel gebracht; er geht aber dann nur durch Erhitzen mit bedeutendem Säurezusatz in Lösung und zeigt lange nicht das frische Saftgrün der von exacter arbeitenden Fabriken in den Handel gebrachten Pigmente. Die Darstellung solchen guten Anilingrüns zu beschreiben, müssen wir uns leider an dieser Stelle versagen; es sei genug, wenn wir anführen, dass auf diese Weise dargestellt, der Farbstoff sowohl en pâte als en poudre eine schön saftgrüne Masse darstellt, die Wolle und Seide mit dem frischesten Grün zu färben im Stande ist. Leider ist der Preis dieses Artikels durch die theure Darstellung so hoch, dass er bis jezt nur für Seidenfärberei Anwendung findet.

Im Handel kommt er unter den Namen Anilingrün, Emeraldin, Viridin und Smaragdin vor.

E. Lucius[1]) liess sich im Jahre 1864 folgendes Verfahren zur Bereitung von Anilingrün für England patentiren. 1 Gewichtstheil schwefelsaures Rosanilin wird in einem Gemische von 2 Gewichtstheilen concentrirter Schwefelsäure und 2—4 Gewichtstheilen Wasser gelöst, dann dem Gemische 4 Theile Aldehyd zugesetzt und die Mischung auf etwa 50° C. erhitzt. Auf dieser Temperatur wird es nahezu erhalten, bis eine herausgenommene Probe, in ihrem 50fachen Gewichte Alkohol aufgelöst, eine grünlichblaue Lösung liefert. Die so erhaltene Mischung wird in 300—500 Gewichtstheilen einer gesättigten Lösung von Schwefelwasserstoffgas in Wasser gegossen, das Ganze auf 90—100° C. erhitzt, und während des Erhitzens 10—12 Theile einer ge-

---

1) Dingler's polyt. Journal. Bd. 174. p. 59. Polyt. Centralbl. 1864, p. 1596 u. 1659. Chem. Centralbl. 1864, p. 1095. Polyt. Notizbl. 1864, p. 367.

sättigten Lösung von schwefliger Säure in Wasser zugesetzt. Alsdann wird die Flüssigkeit filtrirt, um den graublauen Farbstoff, welcher gefällt wurde, zu trennen. Um aus der auf diese Weise erhaltenen Lösung den grünen Farbstoff in fester Form zu erhalten, werden 5—20 Theile Kochsalz zugesetzt nebst einer Lösung von Aetznatron oder kohlensaurem Natron, um die vorhandene Säure zu neutralisiren, wodurch die Fällung der grünen Farbe aus der Lösung bewirkt wird. Nachdem sich der Niederschlag gesetzt hat, wird die überstehende Flüssigkeit dekantirt und dann die Farbe mit Wasser gewaschen, wonach sie bei einer 100° C. nicht überschreitenden Temperatur getrocknet werden kann. Um die auf angegebene Art erhaltene grüne Farbe für das Färben und Drucken geeignet zu machen, verfährt man so, dass man 1 Gewichtstheil des grünen Pulvers mit etwa 20 Gewichtstheilen Wasser sorgfältig zerreibt und alsdann 2 Gewichtstheile concentrirte Schwefelsäure und 50—70 Gewichtstheile Alkohol zusetzt, um die Lösung zu bewirken. Soll die erhaltene Lösung benutzt werden, so wird sie mit Wasser gemischt, das mit Schwefelsäure angesäuert ist.

Wie es nach den verschiedenen Veröffentlichungen der neueren Zeit den Anschein hat, ist das Grünverfahren die Erfindung des französischen Chemikers Usèbe, der schon im Jahre 1863[1]) ein Patent darauf nahm, und erst durch diesen soll das vorher genannte Haus J. J. Müller & Co. in Basel zur Kenntniss des Grünverfahrens gelangt sein. Der Inhalt der französischen Patentspecification ist folgender[2]).

„Man nimmt:

„150 Grammes krystallisirtes schwefelsaures „Rosanilin, 450 Grammes einer erkalteten Mi„schung von 3 Kilogrammes englischer Schwe„felsäure und 1 Kilogramme Wasser.“

„Wenn in letzterer Mischung das Roth gelöst ist, „fügt man 225 Grammes Aldehyd hinzu.“

---

1) Invention 1863. Schweiz. polyt. Zeitschrift 1864, p. 77. Dingler's polyt. Journ. Bd. 173. p. 78.

2) Moniteur scientifique 1863, No. 176, p. 362. Journ. f. prakt Chem. 1864, Bd. 92, p. 337. Dingler's polyt. Journ. Bd. 173. p. 458.

„Das Gemisch erhitzt man im Sandbade. Von
„Zeit zu Zeit nimmt man mit einem Glasstabe einen
„Tropfen heraus und bringt denselben in schwach an-
„gesäuertes Wasser. Sobald man eine schön dun-
„kelgrüne Lösung erhält, unterbricht man die Er-
„hitzung und trägt die Mischung allmählich in 30 Litres
„kochenden Wassers ein, denen sogleich 450 Grammes
„unterschwefligsauren Natrons zugefügt wer-
„den."

Nach dem allen scheint es, dass die Zufügung des unterschwefligsauren Natrons der Cardinalpunkt bei der Grünbereitung ist. Ob das Grün jedoch aus dem mit Aldehyd erzeugten Blau durch Reduction oder durch eine Verbindung
dieses Blaues mit Schwefel oder einer schwefelhaltigen Säure,
oder aber durch beide Arten von Reactionen, was das wahr-
scheinlichste ist, entsteht, muss dahingestellt bleiben.

Anilinschwarz.

Betrachten wir alle unsere schwarz gefärbten Gewebe genauer, so werden wir bei näherer Betrachtung finden, dass wir es bei allen mit keinem eigentlichen Schwarz, sondern mit einer anderen Farbe zu thun haben, **die so dunkel aufgetragen ist, dass sie den Eindruck des Schwarz hervorbringt.** Wir haben in der Färberei kein eigentliches Schwarz, kein sogenanntes Kohlschwarz, d. h. die Farbe des amorphen Kohlenstoffes. Ein solches Kohlschwarz wäre im Grunde genommen keine Farbe, sondern der Mangel jeder Farbe, insofern unsere Farben nur dadurch einen Eindruck auf unser Auge machen, dass sie gewisse Strahlen des siebenfarbigen weissen Lichtes absorbiren und nur einzelne reflektiren, die sodann in unser Auge dringen. Dagegen nennen wir schwarz solche Körper, deren Oberfläche alles empfangene weisse Licht absorbirt, und nicht den geringsten Lichtstrahl reflektirt. Es kann daher von einem solchen Körper kein Licht in unser Auge dringen; wir sagen, der Körper ist schwarz, oder besser er macht auf unser Auge gar keinen Eindruck, wir sehen ihn nur, weil er von anderen, ihn umgebenden Körpern absticht. Ein solches, ich möchte sagen ideales Schwarz kennen wir allerdings bei dem reinen amorphen Kohlenstoff; unsere Gewebe sind aber niemals in diesem idealen Schwarz gefärbt. Sie sind vielmehr dunkelblau, dunkelgrün oder dunkelbraun. Daher erklärt es sich auch, dass, obgleich es im Schwarz doch keine Nüancen geben kann, dennoch manche schwarzgefärbten Gewebe ganz wesentlich von andern abstechen. Es ist eben das Eine dunkelbraun, während das Andere dunkelgrün oder dunkelblau ist. Erst bei Vergleichung von zwei so gefärbten Zeugen, werden wir auf den Unterschied des aufgetragenen Farbstoffes aufmerksam.

Von dieser Betrachtung ausgehend, muss es uns einleuchten, dass, wenn man eine jener genannten Farben, die man ja mit Anilin so brillant herstellen kann, in so dunkler Nüance hätte, dass sie bei oberflächlicher Betrachtung schwarz erschiene, das Anilinschwarz oder wie man es auch wohl nennt Melanilin gefunden wäre. Und wirklich ist man im Laufe der letzten Jahre dahin gekommen ein solches Anilinschwarz darzustellen.

Man hat bis jetzt allerdings nur ein dunkelgrün; es wird jedoch wahrscheinlich auch bald die Zeit kommen, in der man Blau und Braun in gleich dunkler Farbe herzustellen vermag.

Wir hatten vorher (s. p. 128.) gesehen, dass nach dem Patente von Calvert, Lowe und Clift ein grüner Farbstoff entsteht, wenn ein vorher mit schwacher Auflösung von chlorsaurem Kali imprägnirtes Gewebe mit einem Anilinsalze und Säure behandelt wird. Das in der deutschen Musterzeitung[1]) angegebene Verfahren wendet salpetersaures Anilin mit Salpetersäure im Ueberschusse an, das nachher noch durch chlorsaures Kali oxydirt wird. Beide Verfahrungsarten kommen also auf die Oxydation von Anilinsalzen mit Hülfe von Chlorsäure oder anderen kräftig oxydirenden Präparaten heraus. Man erhält je nach dem stärkeren oder geringeren Gehalte von Anilinsalz und Oxydationsmitteln hellere und dunklere Grünnüancen. Vermag man daher durch diese Verfahrungsarten das Grün so dunkel zu erzeugen, dass es bei oberflächlicher Besichtigung auf das Auge den Eindruck von Schwarz macht, so kann dasselbe als Schwarz verwendet werden.

Der erste, welcher in diesem Sinne vorging, war John Lightfoot in Accrington, der im Januar 1863 ein Patent für Frankreich nahm auf das Drucken von Baumwolle mit Anilinschwarz, die Ausbeute jedoch dem schon genannten Baseler Hause J. J. Müller & Co. übertrug.

Lightfoot wendete als Materialien salzsaures Anilin,

---

1) Jahrgang 1861, No. 6.

chlorsaures Kali, Kupferchlorid (Cu Cl), das durch Ab-
gabe von Chlor — also ebenfalls durch Oxydirung wirkend —
zu Kupferchlorür (Cu² Cl.) desoxydirt wurde, Salmiak,
Essigsäure, um die Chlorsäure freizumachen, und Stärkekleister zum Verdicken der Masse an. Man macht von
diesen Substanzen einen Brei und bedruckt mit diesem die
Zeuge, worauf sie in Oxydationskammern gehängt und nachher
mit schwach alkalischem Wasser gewaschen werden. Beim
Aufdrucken des Gemisches existirt die Farbe noch nicht, entwickelt sich jedoch nach und nach auf dem Gewebe selbst in
der Oxydationskammer unter dem oxydirenden Einflusse sowohl
des chlorsauren Kali's als des Kupferchlorids.[1]

Dr. Kaeppelin giebt die Verhältnisse des Lightfoot-
schen Patentverfahrens folgendermassen an:[2]

      6 Litres Wasser,
   850 Grammes weisses Stärkemehl,
   180 Grammes chlorsaures Kali,
   450 Grammes chlorwasserstoffsaures Anilin und
   150 Grammes schwefelsaures Kupferoxyd

werden zu einem Brei verarbeitet. Es ist in diesem Verfahren
das Kupferchlorid allerdings schon mit dem Sulfate vertauscht,
weil die Chlorverbindung in noch höherem Masse als das Sulfat die Mängel zeigte, welche wir weiter unten besprechen werden. Mit der so zusammengesetzten Masse wurde sodann gedruckt und die bedruckten Zeuge in den Oxydirraum gebracht,
dann gedämpft und gewaschen. Die Schönheit der Farbe wurde
wesentlich vermehrt durch eine einfache Passage durch ein
Bad von doppeltchromsaurem Kali.

Lauth[3] giebt die Zusammensetzung der Lightfoot'schen
Schwarzmischung folgendermaassen an. Der Brei besteht aus
   25 Grammes chlorsaurem Kali,
   50 Grammes Anilin,
   50 Grammes Chlorwasserstoffsäure,

---

1) Mémoire de M. Th. Schneider sur le noir d'aniline. Bullet. de la
société industrielle de Mulhouse. t. 35, p. 176. Dingler's polyt. Journal.
Bd. 176. p. 467. Polyt. Centralbl. 1865, p. 1005.

2) Annal. de Génie civ. Avril 1865. p. 237. Polyt. Centralbl. 1865,
p. 1002.

3) Lauth, sur le noir d'anilin. Extr. du bullet. de la soc. chim. de
Paris. Déc. 1864. p. 416.

> 50 Grammes einer Lösung von Kupferchlorid
> vom specifischen Gewichte 1,44,
> 25 Grammes Salmiak,
> 12 Grammes Essigsäure und
> 1 Litre Stärkekleister.

Dieses Gemisch wird aufgedruckt und die bedruckten Zeuge nach dem Trocknen etwa zwei Tage lang der Atmosphäre des Oxydirraumes ausgesetzt.

Die neue Farbe wurde jedoch im Elsass, wo sie zuerst auftauchte, vollkommen aufgegeben, weil mit ihrer Anwendung so viel Nachtheile verbunden waren, dass der Gebrauch beinahe unmöglich wurde. Sie greift nämlich wegen ihres Gehaltes an löslichem Kupfersalze, freier Säure und Oxydationsmitteln die Stahltheile der Walzen bedeutend an, schwächt die Faser des Gewebes sehr stark und färbt sich auch nicht sehr gut. Man vermied allerdings das Angreifen des Stahles dadurch, dass man mit dem Kupfersalze, statt es der Druckfarbe direkt beizugeben, die Zeuge imprägnirte;[1]) dagegen vertheuert diese Veränderung des Verfahrens, die Lightfoot auch schon in seiner Patentspecification angab, dasselbe nicht unwesentlich, hauptsächlich aber treten durch das Abspülen des Kupfersalzes und Zuführung des so imprägnirten Wassers zu den Flüssen und Bächen Gefahren für die Gesundheit der Umwohner ein, welche die Fabrikanten zwangen, das Verfahren gänzlich fallen zu lassen.

Cordillot ersetzte gegen Ende des Jahres 1863 das Kupferchlorid des englischen Chemikers durch das Ferridcyanammonium $(3\,(N\,H^4\,.\,C^2\,N) + Fe^2\,(C^2\,N)^3)$. Man erhält dieses Salz leicht durch Vermischen von 8 Kilogrammes rothen blausauren Kali's $(3\,K\,C^2\,N + Fe^2\,(C^2\,N)^3)$ mit 4850 Grammes schwefelsauren Ammoniaks, welche beiden Salze man in der Kochhitze in 10 Litern Wasser löst, dann noch eine Stunde lang kocht und erkalten lässt. Man bekommt dabei eine Ausbeute von 6 Kilogrammes Ferridcyanammonium. Durch die Anwendung dieses Präparates vermied er einerseits die Schwächung des Gewebes, besonders aber fiel ein Angriff des Stahles an den Druckmaschinen gänzlich fort. Ausserdem schadete die Behandlung der Farbe

---

1) Nach Lauth rührt diese Verbesserung von Camille Kaechlin her.

nicht wie beim Lightfoot'schen Verfahren den andern mit aufgedruckten Farben. Dagegen stellt sich der Preis von Cordillot's Farbe bedeutend höher, die Haltbarkeit derselben ist sehr beschränkt und ausserdem erfordert die Schwarzmischung zur Oxydation eine Temperatur, welche in den gewöhnlichen Trockenräumen der Druckereien in der Regel schwer zu erzielen ist. Zu dem allen kommt noch hinzu, dass es schwer ist, nach dieser Methode ein schönes Schwarz zu erzeugen und die Farbe sich beim Appretiren und Waschen der Stücke stellenweise loslöst.

Gegen das Lightfoot'sche Schwarz besass das Cordillot'sche eine so geringe Intensität, dass oft die bedruckten Stücke statt schwarz grün aussahen.

Nach den Angaben Kaeppelin's war die Zusammensetzung der Cordillot'schen Druckfarbe sehr complicirt. Sie wurde folgendermassen hergestellt.

Man verfertigte zuerst einen Kleister aus

    27 Kilogrammes Stärkemehl,

    18 Litern Wasser,

    30 Litern Gummilösung,

    24 Kilogrammes Tragantgummischleim à 65 Grammes per Litre.

Es werden zum Präparat No. I. 24 Litres des warmen Kleisters verwendet und mit 1 Kilogramme 350 Grammes chlorsauren Kali's gemischt. Nach dem Erkalten fügt man dieser Masse 1 Kilogramme 900 Grammes Ferridcyanammonium hinzu.

Das zweite Präparat stellt man dar aus 26 Litern des warmen Kleisters, 3 Kilogrammes 600 Grammes salzsauren Anilins und 3 Kilogrammes 600 Grammes Weinsteinsäure.

Die schwarze Druckfarbe endlich mischt man aus

    einem Theile des Präparates No. I. und zwei

    Theilen des Präparates No. II.

Endlich nahm Lauth zu Ende des Jahres 1864 ein Patent auf ein Verfahren, Anilinschwarz auf Baumwolle zu drucken, das, wenn man den bis jetzt ergangenen Berichten trauen darf, allen Anforderungen genügt.

Lauth verfährt so, dass er mit dem Anilinsalze und dem Kalichlorate ein Salz aufdruckt, das zwar unlöslich und keiner Desoxydation fähig, dennoch, indem es sich selbst oxydirt, löslich und fähig wird, andere Körper auf Kosten des eben aufgenommenen Sauerstoffes zu oxydiren.

Dieser Körper ist das Schwefelkupfer (Cu S), das sich durch den Sauerstoff der im chlorsauren Kali enthaltenen Chlorsäure in Kupfervitriol (Cu O . SO³) verwandelt. Ist dies geschehen, so haben wir die Lightfoot'sche Mischung vor uns und der Fortschritt im Lauth'schen Verfahren besteht hauptsächlich darin, dass das Aufdrucken des löslichen Kupfersalzes, das den Stahl leicht angreift, gänzlich vermieden wird, da das Schwefelkupfer beim Aufdrucken sich noch vollständig passiv verhält.

Dieser Prozess ist wenig kostspielig und auch das Gewebe wird nicht geschwächt. Die Farbe ist sehr haltbar und lässt sich bei einer Temperatur von 20 bis 40° C. fixiren. Auch besitzt diese Druckfarbe den Vortheil, dass sie sich mit fast allen andern Farben aufdrucken lässt.

Kaeppelin[1]) giebt zwei Verfahren nach dieser Methode an.

Für „**Schwarz No. I.**" wendet man folgenden Brei an. 800 Grammes Stärkemehl werden gelöst in 5 Litern Wasser und 270 Grammes Schwefelkupfer und Schwefelcalcium zugefügt. Dazu kommen noch 500 Grammes Anilinsalz in 1 Litre Wasser gelöst.

Mit diesem Brei wird gedruckt, und die Zeuge alsdann in der Oxydationskammer gehängt und durch ein Bad von Wasser passirt, dem eine geringe Quantität Ammoniak oder Natron beigemischt ist.

Man bemerke, dass bei diesem Verfahren kein chlorsaures Kali zur Anwendung kommt, sondern das Schwefelkupfer sich auf Kosten des Sauerstoffes der Luft im Oxydirraume in Kupfervitriol verwandelt.

Zu einem „**Schwarz No. II.**" verwendet man einen Brei von

10 Litres Stärkekleister,
200 Grammes chlorsaurem Kali und
$2\frac{1}{2}$ Kilograms. Schleim von Gummi Traganth;

---

1) Annal. de Génie civil. Avril 1865. p. 237. Polyt. Centralbl. 1865, p. 1002.

diese breiartige Masse hält in sich schwebend
400 Grammes Schwefelkupfer und
250 Grammes Salmiak.
Nach der Bereitung dieses Breies setzt man noch zu
1 Kilogramme Anilinsalz.
Nachdem die Stücke mit dieser Pâte bedruckt sind, breitet man sie 24 Stunden aus, passirt sie durch ein Bad, das 2 pCt. Soda enthält und dämpft oder wäscht sie nachher.

Das so erhaltene Schwarz ist von sehr reicher Farbe, unlöslich in kochender Seifen, Alkalien- und Säurelösung. Die Säuren lassen es in Grün übergehen, während die Alkalien die ursprüngliche Farbe wieder herstellen. Eine Lösung von chromsaurem Kali, die auch manchmal in der Praxis Anwendung findet, vermehrt die Intensität der Farbe; in grosser Menge zugesetzt, macht sie dieselbe jedoch leicht röthlich.

Concentrirte Chlorkalklösung übt dieselbe Wirkung aus und lässt zuletzt die Farbe sogar gänzlich verschwinden; in diesem Falle soll sie jedoch nach C. Kaechlin nach einiger Zeit mit derselben Intensität wieder auftreten.

Die Farbe kostet etwa 1 Franc per Litre. Mit den gewöhnlichen Schwarzsorten verglichen, erspart es dem Fabrikanten etwa 4 Francs per Stück von 100 Mètres Länge.

Auch das Eigenthumsrecht des Lauth'schen Verfahrens ist an J. J. Müller & Co. in Basel übergegangen.

Am 7. Juni 1864 nahm Edward Joseph Hughes aus Manchester ein Patent für England auf ein Verfahren, Schwarz auf Baumwolle und Leinwand mit Hülfe von Anilin zu drucken. Es ist dies im Prinzipe die Methode von Lauth, doch stellt sich das Hughes'sche Verfahren, wenigstens nach der Patentspecification wesentlich einfacher. Für den Druck verwendet er ein Gemisch von 16 Unzen Anilinsalz, 4 Unzen Schwefelkupfer und 4 Unzen chromsaurem Kali, das er dann wahrscheinlich mit Stärkekleister vermischt.

Für die Färberei wird Schwefelkupfer oder, was dieselben und vielleicht noch bessere Dienste thut, Schwefeleisen auf der Faser selbst niedergeschlagen und das Garn alsdann nach und nach durch eine Lösung von Anilinsalz und chlorsaurem Kali passirt. Ist die schwarze

Farbe hervorgebracht, so wird das Garn oder Zeug ausgewaschen.

Das Anilinschwarz findet hauptsächlich in der Kattundruckerei viel Anwendung, weil es sich mit den meisten Krapp- und Dampffarben aufdrucken lässt. Es wird zu diesem Zwecke viel chlorwasserstoffsaures Anilin von den Anilinfabriken verlangt. Dagegen scheint es für Färberei bis jetzt nur wenig Anwendung zu finden; es scheint also in dieser Hinsicht keine Vorzüge vor dem gewöhnlichen Schwarz zu besitzen.

Im August des Jahres 1865 endlich machte Alfred Paraf in einer Sitzung der Mühlhauser industriellen Gesellschaft[1]) mündliche Mittheilung über eine neue Art der Bereitung von Anilinschwarz, welche in der Fabrik von Roberts, Dale & Co. in Manchester seit einiger Zeit Anwendung gefunden hat.

Auch diese Methode beruht auf der Oxydation eines Anilinsalzes und zwar durch die Sauerstoffsäuren des Chlors, durch Zersetzung von chlorsaurem Kali mit Kieselfluorwasserstoffsäure ($3 \, H \, Cl + 2 \, Si \, Cl^3$) erhalten.

Der Berichterstatter verfährt zur Darstellung des fraglichen schwarzen Anilinpräparates in folgender Weise.

Zuvörderst stellt er Kieselfluorwasserstoffsäure dar, indem er in bekannter Weise Schwefelsäure auf ein Gemenge von Sand (Kieselsäure) und Flussspath (Fluorcalcium) einwirken lässt. Es entsteht dabei Fluorkieselgas,

$$3 \, Ca \, Fl + Si \, O^3 + 3 \, SO^3 =$$

Flussspath　Kieselsäure

$$3 \, Ca \, O \, . \, SO^3 + Si \, Fl^3,$$

Gyps　　　　Fluorkiesel

das, nun seinerseits in Wasser geleitet, sich damit so zersetzt, dass Kieselsäure gallertartig ausgeschieden wird, während Kieselfluorwasserstoffsäure in Lösung geht.

$$3 \, Si \, Fl^3 + 3 \, HO = Si \, O^3 + (3 \, H \, Fl + 2 \, Si \, Fl^3)$$

Fluorkiesel Wasser Kieselsäure Kieselfluorwasserstoffsäure.

----

1) Bulletin de la société industrielle de Mulhouse. Août 1865, p. 345.

In einer solchen wässrigen Lösung von Kieselfluorwasserstoffsäure von 8° Baumé wird chlorwasserstoffsaures Anilin gelöst, die so erhaltene Lösung in angemessener Weise verdickt und für den Druck mit chlorsaurem Kali imprägnirter Zeuge verwendet. In gewissen Fällen kann man das chlorsaure Kali in der Masse selbst mit aufdrucken und hat dann sogleich die fertige Farbenmasse.

Bei einer Temperatur von 32 bis 35° Celsius soll nach dem Berichterstatter folgender Prozess vor sich gehen.

Die Kieselfluorwasserstoffsäure bildet mit dem chlorsauren Kali, Kieselfluorkalium, eine Verbindung, welche, der Kieselfluorwasserstoffsäure analog, statt des Wasserstoffes Kalium enthält und demnach der Formel entspricht

$$3\,K\,Fl + 2\,Si\,Fl^3.$$

Das Kieselfluorkalium ist aber schwerlöslich in Wasser; es fällt daher aus der Masse als ein Niederschlag heraus und kommt bei dem nun folgenden Prozesse gar nicht mehr in Betracht. Die freigewordene Chlorsäure wirkt auf das chlorwasserstoffsaure Anilin ein und erzeugt dabei ein Gemenge von freiem Chlor und intermediären Verbindungen von Chlor und Sauerstoff, welche im Verein mit einem nicht veränderten Theile der Chlorsäure das Anilinschwarz erzeugen.

Dass die Chlorsäure für sich ohne gleichzeitige Anwesenheit von Chlorwasserstoffsäure das Anilinschwarz nicht erzeugt, wird dadurch nachgewiesen, dass man kieselfluorwasserstoffsaures Anilin

$$3\,(C^{12}\,H^7\,N\,.\,H\,Fl) + 2\,Si\,Fl^3$$

in wässriger Lösung mit chlorsaurem Kali zusammenbringt und dadurch chlorsaures Anilin, $(C^{12}\,H^7\,N + HO)\,.\,Cl\,O^5$, in Lösung erhält, während sieh Kieselfluorkalium abscheidet. Diese Lösung soll man nun zum Kochen erhitzen können, ohne dass sich auch nur eine Spur von schwarzem Pigmente zeigt, während bei Zusatz einiger Tropfen Chlorwasserstoffsäure sofort ein schwarzer Niederschlag entsteht.

Das neue Schwarz soll sich sehr gut mit allen Krappfarben vereinigen lassen, ohne einzuschmutzen, und man kann damit ganz so verfahren wie mit einem gewöhnlichen Schwarz. Es zieht auch Nichts in der Krappflotte an, da es keine Spur eines Metalloxydes enthält und hat daher vor allen bis jetzt dargestellten schwarzen Anilinpigmenten einen grossen Vorzug. Auch wird es an der Luft nicht grün.

Der Berichterstatter stellt schliesslich noch einen detaillirteren Bericht über das angeführte Verfahren in Aussicht.

Anilingelb.

Bald nach dem Allgemeinwerden der Anilinfarben traten hier und da gelbe Farbstoffe auf, die als **Anilingelb** bezeichnet wurden. Dennoch findet sich im Handel wohl wenig wirkliches Anilingelb vor. Dagegen finden wir gar oft in der Industrie als gelbe Anilinpräparate Stoffe verbreitet, die sich bei genauerer Betrachtung als Pikrinsäure oder Pikrinsäurepräparate erweisen. Die Pikrinsäure erhält man, wenn man Carbolsäure oder einen dieser ähnlichen Körper, unrein auch wenn man Seide, Wolle und andere thierische Produkte, Steinkohlentheer u. s. w. der Einwirkung der rauchenden Salpetersäure aussetzt[1]). Die Phenylsäure (gewöhnlich Carbolsäure genannt), besteht aus der Verbindung des uns vom Benzol her bekannten Radikals Phenyl ($C^{12}H^{5}$) mit einem Atome Sauerstoff und einem Atome Wasser. Dieser Körper, welcher alle Eigenschaften einer Säure hat, besitzt die Formel

$$\underline{(C^{12}\ H^{5})}\ O + HO.$$
$$\text{Phenyl}$$

Man nennt ihn dieser Zusammensetzung wegen auch wohl, ohne seine sauren Eigenschaften zu berücksichtigen, Phenyloxydhydrat. Beim Behandeln dieser Verbindung mit Salpetersäure werden unter gleichzeitiger Bildung von Wasser

---

1) Es ist derselbe Körper, welcher das Gelbwerden der Haut bedingt, wenn man dieselbe mit Salpetersäure in irgend welche Berührung bringt, und die das Gelbwerden des Tuches bei dem früher so beliebten Drucke mit Salpetersäure hervorrief.

drei Atome Wasserstoff des Radikals Phenyl durch den Atomcomplex „NO⁴" (Untersalpetersäure) vertreten, so dass der neu entstandene Körper der Formel

$$\left(C^{12} \ {}_{3}^{H^2} \ (NO^4) \ O\right) + HO$$

entspricht. Es ist die von den Chemikern sogenannte Trinitrophenylsäure, welche im Handel wegen ihres bitteren Geschmackes die Namen Pikrinsäure (von πικρός bitter) und Welter's Bitter führt. Sie ist ein fester, gelber, krystallinischer Körper, der, angezündet, unter Schmelzen verbrennt. Die Pikrinsäure löst sich in Wasser nur schwierig auf. Da an diesem letzteren Verhalten die Pikrinsäure leicht erkennbar ist, so ist es geradezu unmöglich, den Färbern Pikrinsäure unter dem Namen Anilingelb zu verkaufen, was in letzterer Zeit sehr häufig versucht wurde. Man suchte deshalb nach Präparaten, die, womöglich noch billiger als die Pikrinsäure selbst, doch die Schwerlöslichkeit derselben nicht theilten. Man fand ein solches Präparat in dem ziemlich leicht löslichen pikrinsauren Natron

$$Na \, O \, . \, \left(C^{12} \ {}_{3}^{H^2} \ (NO^4) \ O\right).$$

Dieses Präparat ist dazu höchst geeignet; es färbt wie die Pikrinsäure schön gelb, hat dasselbe schön gelbe Ansehen wie Pikrinsäure, löst sich jedoch abweichend von dieser leicht in Wasser, und stellte sich bei der Fabrikation wegen des hohen Natrongehaltes wesentlich billiger als die reine Pikrinsäure. Ausserdem konnte man die aus den schlechtesten Materialien dargestellte Pikrinsäure zur Fabrikation dieses vermeintlichen Anilingelbs benutzen.

So ging das Präparat unter dem Namen Pikrinsäure oder Anilingelb zu Tausenden von Centnern in die Welt. Jeder, der sich nur etwas vertrauter mit den Salzen der Pikrinsäure gemacht hat, wird aber wissen, dass dieselben fast alle mit der grössten Heftigkeit detoniren, ja es ist sogar einmal die Rede davon gewesen, das pikrinsaure Bleioxyd als Ersatz für Knallquecksilber in den Zündhütchen zu verwenden. Trotz der Gefahr, die also bei der Fabrikation und Handhabung sowie Verschickung des pikrinsauren Natrons vorhanden war, gab es doch gewissenlose Fabrikanten, welche, die Gefahren des Präparates wohl kennend, dasselbe dennoch, nur ihren eigenen Vortheil im Auge behaltend, ohne besondere Deklaration und meist unter der unschuldigen Bezeichnung „Pikrinsäure", die im reinen Zustande niemals zu Explosionen Veranlassung geben kann, zu Hunderten von Centnern der Eisenbahn und ihren Abnehmern übergaben. Dieser natürlich nur unter einem gewissen geheimnissvollen Schleier gedeihende Industriezweig wurde hauptsächlich von der Firma Gebrüder Gessert in Elberfeld cultivirt, deren Handtierung mit so gefährlichem Stoffe auch bald recht traurige Folgen haben sollte. In der Mitte des Jahres 1865 versandte nämlich die gedachte Firma nach ihrer Gewohnheit unter sehr unschuldiger Deklaration eine Quantität von circa 40 Pfund des gefährlichen Präparates an eine Berliner Farbenfabrik zum Weiterverkauf. Das Fässchen mit der Waare wurde unvorsichtigerweise in einem zu den Comtoirräumlichkeiten des gedachten Hauses gehörigen Zimmer gelagert, wo es denn auch durch zufälliges Hineinwerfen eines angebrannten Streichhölzchens mit furchtbarer Heftigkeit explodirte. Ein zweifacher dem Lösen einer scharf geladenen Kanone ähnlicher Knall verkündete den Zunächstwohnenden den Vorgang einer furchtbaren Katastrophe. Durch jenes Fässchen, das nur noch etwas über dreissig Pfund des gefährlichen Präparates enthielt, wurde das zweistöckige Gebäude völlig zerstört. Die Decke wurde nach oben geschleudert, während die Wände wie die Theile eines Kartenhauses nach aussen auseinander klappten. Der zwischen dem ersten und zweiten Geschosse befindliche Fussboden ward buchstäblich zermalmt. Das herabfallende Gebälk und Gemäuer bedeckte unter seinen Trümmern sechs Personen, von denen nur Einer leicht beschädigt davonkam, während zwei andere sofort todt waren und von den übrigen drei Schwerverwundeten in der folgenden Nacht noch Einer starb. Eine so schreckliche Begebenheit hatte das in der That bodenlos leichtsinnige Verfahren der Gebrüder Gessert in Elberfeld zur Folge gehabt. Ich theilte den Fall etwas ausführlich mit, damit Fabrikanten wie Färber bei dem Umgehen mit „sogenannter Pikrinsäure" etwas vorsichtiger sind und besonders mit Präparaten, welche die Gebrüder Gessert fabriciren, möglichst sich vorsehen können.

Was nun das wirkliche Anilingelb anlangt, so giebt es in Wahrheit ein solches Präparat.

Wir haben schon früher Gelegenheit genommen, auf das von Hofmann näher untersuchte gelbe Anilinpräparat, das Chrysanilin hinzuweisen. Zu dieser gelben vom Anilin derivirenden Basis kam im Laufe der neueren Zeit ein anderer gelber Körper, das von Vogel[1]) entdeckte Zinalin.

Der Entdecker giebt an, dass durch Versetzen der alkoholischen Lösung eines Rosanilinsalzes mit salpetriger Säure (NO^3) ein Violett und endlich ein Blau entstände. Dieses Blau geht dann in Blau- und endlich in Gelbgrün über. Zuletzt nimmt die Flüssigkeit eine rothgelbe Farbe an. Sowohl das Gelb als das intermediär entstandene Blau färben direkt auf Seide und Wolle und zwar erhält man mittelst des Blaues ein schönes Blauviolett, während das Grün nur eine schmutzige Farbe liefert. Bei längerem Stehen gehen Blau sowohl als Grün schliesslich in Gelb über, wahrscheinlich wegen eines Gehaltes an zurückgelassener salpetriger Säure.

Nimmt man zu diesen Versuchen eine concentrirte, alkoholische Rosanilinlösung, so scheidet sich beim Einleiten der Säure Rosanilin aus, das alsbald verharzt. Dieses Harz ist selbst in Wasser nicht unschwer und mit gelber Farbe löslich und hat sonst alle Eigenschaften des gelösten Farbstoffes, den der Entdecker einmal krystallisirt erhielt.

Dampft man dagegen die von ausgeschiedenem Harze getrennte Lösung ab, so erhält man eine geschmolzene rothe Masse im Rückstande, welche beim Erkalten fest wird und sich zerreiben lässt. So stellt der Farbstoff ein prachtvoll rothes Pulver dar, dessen Farbe mit der des Zinnobers viel Aehnlichkeit hat. Mit Bezug auf diesen Umstand und um zugleich seine Abstammung vom Anilin anzudeuten, wählte der Entdecker den Namen Zinalin für den neu aufgefundenen Körper.

Unter der Luftpumpe getrocknet, entsprach das Zinalin der Formel

$$C^{40} H^{19} N^2 O^{12},$$

---

1) Dr. Max Vogel, polyt. Centralbl. 1865, p. 1072. Journ. f. prakt. Chemie. Bd. 94. p. 453. Dingler's polyt. Journ. Bd. 177. p. 320.

und seine Entstehung aus dem Rosanilin lässt sich durch folgende Gleichung interpretiren, indem Stickstoff frei wird.

$$C^{40} H^{19} N^3 + 2 HO + 4 NO^3 =$$
$$C^{40} H^{19} N^2 O^{12} + 5 N + 2 HO.$$

Es entwickeln sich in Wirklichkeit bei dem gedachten Prozesse erhebliche Mengen Stickstoff.

Eine Lösung von Rosanilinsalz in Wasser gab keine blauen und violetten Farbenerscheinungen, sondern verwandelte sich beim Einleiten von salpetriger Säure direkt in einen braunen Körper, der beim Verdünnen mit Wasser in Gelb übergeht. Es ist dies wahrscheinlich schon das Zinalin. Eine Lösung von Rosanilin in Essigsäure wird von salpetriger Säure sehr bald in Zinalin verwandelt.

Das Zinalin schmilzt unter 100° Celsius, bei höherer Temperatur stösst es eine Menge gelber Dämpfe aus, es entzündet sich plötzlich und verpufft mit schwachem Geräusche, indem eine bedeutende Quantität leicht verbrennlicher Kohle zurückbleibt.

Trocken destillirt, liefert der Farbstoff reichliche Mengen gelber Dämpfe, die sich leicht verdichten; am oberen Theile des Destillationsapparates condensiren sich Oeltropfen, die später erstarren und einen auffallend an Succus Liquiritiae erinnernden Geruch besitzen.

Zurück bleibt eine aufgeblasene Kohle. In kaltem Wasser ist das Zinalin unlöslich, von heissem dagegen wird es in geringer Menge und mit rein gelber Farbe aufgelöst. Kocht man einen Ueberschuss von Zinalin längere Zeit mit Wasser, so löst sich ein kleiner Theil auf, während das unlösliche zu einer bräunlichen durchsichtigen Masse zusammenschmilzt, die viel Aehnlichkeit mit Schellack zeigt. Alkohol löst den Farbstoff besonders beim Erwärmen mit Leichtigkeit auf; viel bedeutender jedoch als in den genannten Lösungsmitteln ist das Zinalin in Aether löslich. Concentrirte Säuren lösen den Farbstoff schon in der Kälte mit goldgelber Farbe, durch Zusatz von Wasser kann jedoch fast alles Gelöste in Gestalt gelber Flocken wieder ausgeschieden werden. Von concentrirten Alkalien wird das Zinalin mit brauner Farbe aufgenommen.

Das Zinalin färbt in seinen Auflösungen Wolle und Seide schön gelb mit röthlichem Tone (Maisgelb), doch lässt sich auch eine der von Pikrinsäure herrührenden Farbe ähnliche

Nüance damit erzeugen. Bringt man ein Stück mit Zinalin gefärbter Seide in eine Atmosphäre von Ammoniakgas, so färbt sich dieselbe prachtvoll **purpurroth**. An der Luft wird jedoch nach kurzer Zeit die ursprüngliche gelbe Farbe regenerirt. Taucht man einen Streifen Filtrirpapier in eine Lösung des gelben Farbstoffes und legt denselben alsdann auf die Oeffnung einer mit Ammoniakflüssigkeit gefüllten Flasche, so nimmt er beinahe die Farbe an, welche **Rosanilinlösung** dem eingetauchten Papiere mittheilt. Die so entstandene rothe Farbe verschwindet aber beim Liegen an der Luft allmählich, beim Eintauchen in Säuren sofort und macht der ursprünglichen **gelben** Farbe Platz.

Aus einer alkalischen Lösung wird der Farbstoff durch Säuren in gelben Flocken gefällt.

Das Zinalin ist ein ziemlich stabiler Körper; es scheint eher saurer als basischer Natur zu sein, da es sich in Alkalien reichlich löst und von Säuren wieder ausgeschieden werden kann.

Anilinblau in alkoholischer Lösung wird viel schwieriger angegriffen als das Anilinroth. Nach längerer Zeit wird die Lösung **grün**. Nimmt man jetzt eine Probe davon, löst sie in Wasser und setzt concentrirte Schwefelsäure zu, so bildet sich eine **indigblaue Zone**, da wo die Schwefelsäure eingetropft ist; setzt man mehr concentrirte Schwefelsäure zu, so wird schliesslich die ganze Flüssigkeit blau. Sobald man aber zu der so erzeugten Lösung Ammoniak im Ueberschusse setzt, geht die Farbe durch Grün in ein reines klares **Gelb** über. Bei abermaligem Zusatze von concentrirter Schwefelsäure und nachheriger Ammoniakzugabe **wiederholt sich das nämliche Spiel**.

Leitet man salpetrige Säure in die Lösung von Anilinblau bis dieselbe gelb wird, so scheidet sich der grösste Theil des Farbstoffes pulverförmig aus. Dieses Pulver scheint **identisch** zu sein mit dem **Zinalin**; denn es wird von den Alkalien mit jener charakteristischen braunen Farbe gelöst und durch Säuren wieder ausgeschieden, wobei die rothe Farbe sich in Gelb verwandelt.

Alle Angaben Vogel's als richtig vorausgesetzt, scheinen wir es hier allerdings mit einem neuen Körper zu thun zu haben, der aber entweder saurer Natur ist, oder sich ganz indifferent verhält. Wir können uns jedoch nicht verhehlen, dass sein Verhalten in gewissen Beziehungen sich dem der unreinen Pikrinsäure auffallend nähert; jedenfalls wäre eine erneute Untersuchung des Zinalins sehr wünschenswerth, und bis dahin kann nur die grösste Vorsicht in Betreff der Aufnahme der Vogel'schen Zinalinuntersuchung angerathen werden.

In die Industrie ist jenes Vogel'sche Zinalin noch in keiner Weise eingeführt.

Dass Anilinöl mit gewissen Oxyden zusammen erhitzt einen gelben Farbstoff giebt, der sich mit rother Farbe in Aether löst, eingetauchte Wolle und Seide aber gelb färbt, war seit mehreren Jahren eine fast allgemein bekannte Thatsache.

Der Verfasser selbst stellte einen solchen Farbstoff mit Antimon und Zinnsäure dar, ohne den entstandenen Körper einer besonderen Beachtung werth zu halten.

H. Schiff beschreibt ein solches Verfahren.[1])

Reibt man ein gepulvertes Alkalisalz der Zinn- oder Antimonsäure mit dem halben Gewichte Anilin zu einem dünnen Brei zusammen und erhitzt denselben allmählich unter Umrühren mit soviel Salzsäure, dass die Flüssigkeit sauer reagirt, so wird das Anilin in einen scharlachrothen Farbstoff umgewandelt, der sich nach dem Eintrocknen der Masse mit Aetheralkohol ausziehen lässt. Schiff giebt an, dass die rothe ätherische Lösung der so erhaltenen salzsauren Verbindung beim Verdunsten des Aethers cantaridenglänzende Blättchen hinterlässt, die sich in Alkohol, Aether und angesäuertem Wasser lösen, während eine grössere Menge reinen Wassers zersetzend wirkt.

Alkalien zersetzen die Salze unter Abscheidung eines gelben, flockigen Körpers, welcher mit Säuren wiederum die rothe Verbindung giebt.

Zum Färben soll man Seide mit der Salzlösung imprägniren und zur Fixirung des Farbstoffes durch Sodalösung ziehen, wobei man ein Gelb erhält, das der Nüance der Pikrinsäure entspricht.

---

1) Annal. d. Chem. u. Pharm. Bd. 127. p. 345. Illustr. Gewerbezeit. 1863, p. 380. Dingler's polyt. Journ. Bd. 170. p. 157. Polyt. Centralbl. 1863, p. 1664.

Ist aber diese Operation zum Färben nöthig und haften die Salze der gelben Basis nicht an und für sich auf der Faser, so ist dieser Farbstoff auch nicht subjectiv und kann durch jedes Durchziehen der damit gefärbten Stoffe durch saure Flüssigkeiten vollständig entfernt werden.

Der Verfasser erhielt schon lange vor der Veröffentlichung Schiff's den gelben Farbstoff in ähnlicher Weise durch Behandlung von Anilin mit einer Lösung von antimonsaurem Kali $(KO . SbO^5 + 4HO)$.

Auch Antimonchlorid, dargestellt durch die Oxydation von Antimon mit Königswasser, giebt mit Anilin schon in der Kälte eine dicke, zähe, dunkelbraune Masse, durch die Aether, den man darauf goss, schön gelb gefärbt wurde. Mit den Lösungen von Anilinblau in Alkohol giebt eine solche Gelblösung ganz hübsche Grünnüancen. Destillirt man von dieser Lösung den Aether ab, so erhält man einen ponceaurothen Rückstand.

Aehnliche Resultate erhielt der Verfasser bei Anwendung von wolframsaurem Ammoniak; durch Behandlung von Anilin mit Salzsäure und Molybdänsäure entstand ein in Wasser und Alkohol lösliches Grün.

Wie schon oben bemerkt, hat die Anilinindustrie sich noch nicht auf die Darstellung von Anilingelb geworfen, da ein gelbes Anilinpräparat die Concurrenz der Pikrinsäure zu überwinden hätte. Dagegen stellt man aus den Fuchsinrückständen vielfach orangerothe Farbstoffe dar. In neuerer Zeit hat Jacobsen[1]) die Darstellung eines solchen Anilinorange beschrieben. Die Mutterlauge von der Fuchsinbereitung enthält ausser violetten und bräunlichrothen Farbstoffen auch orangerothe. Zur Reindarstellung des letzteren soll man die ersteren durch Kochsalz ausfällen, zur Trockne verdampfen und den Rückstand auslaugen. Der so erhaltene Farbstoff ist in Spiritus gut, in kaltem Wasser wenig, in heissem dagegen leichter löslich. Die Lösungen färben Wolle schön orange. Sein Preis soll sich gegenwärtig auf 12 bis 15 Thaler per Pfund stellen.

Das Orange scheint das Salz einer eigenthümli-

---

1) Jacobsen's chemisch-technisches Repertor. 1864, 2. Semest. p. 22. Dingler's polyt. Journ. Bd. 177. p. 82. Polyt. Centralbl. 1865, p. 1084.

chen Basis zu sein. Mit Ammoniak digerirt, wird es hell-schwefelgelb und nimmt, mit schwachen Säuren übergossen, seine ursprüngliche orange Farbe wieder an.

Das in Rede stehende Orange scheint ein mit Resten von Fuchsin verunreinigtes Chrysanilin zu sein. Jedenfalls würde eine genauere Untersuchung des Anilinorange, das übrigens schon vielfach in der Industrie auftaucht, sehr wünschenswerth sein.

Wenn Jacobsen nur eine Darstellung des Anilinorange aus den Mutterlaugen von der Fuchsinfabrikation kennt, so ist er offenbar nicht ganz genau unterrichtet. Gewöhnlich nämlich geschieht die Darstellung des Anilinorange nicht aus den Mutterlaugen, sondern vielmehr aus den harzigen Rückständen von der Fuchsinfabrikation. Aus diesen zieht man mit Hülfe verschiedener Lösungsmittel das unreine Chrysanilin aus, das alsdann das Anilinorange darstellt.

Ueber das Chrysanilin siehe oben (p. 84).

Anilinbraun.

Wie wir bei der Fabrikation des Fuchsins erwähnten, ist
das Gemisch der durch Einwirkung von oxydirenden Agentien
auf Anilinöl entstehenden Produkte im Stande, Wolle und Seide
mehr oder weniger rothbraun zu färben. Man hat im Allgemeinen die Erfahrung gemacht, dass, je höher die Schmelze
erhitzt wurde, ein desto dunkleres Braun entstehe, während
bei sehr sorgfältiger Erhitzung der Schmelze auf eine möglichst niedrige Temperatur, dieselbe der Faser nur ein
mattes, schmutziges Roth, in keinem Falle aber ein Braun
giebt. Dagegen ist stark erhitzte Schmelze im Stande,
Wolle und Seide wirklich braun zu färben und zwar in einem
gefälligen dunklen Rothbraun; die Lösung dieser braunen
Farbe, welche ausser dem Farbstoffe gewöhnlich die ganze zur
Darstellung erforderliche Arseniksäure enthält, sieht jedoch
vollkommen roth aus, so dass sie bei oberflächlicher Beobachtung fast wie eine Fuchsinlösung erscheint.

Seit geraumer Zeit verkaufen viele Anilinfabrikanten die
rohe Schmelze gemahlen unter dem Namen Havannahbraun
zum Färben. Mit Wasser behandelt, giebt dieses Farbepulver
eine rothe, mehr oder weniger dunkelbrauner färbende Lösung,
die natürlich durch ihren bedeutenden Arsenikgehalt im höchsten Grade giftig ist. Dass Rudolph Knosp in Stuttgart,
der erste Anilinfarbenfabrikant in Deutschland, ein solches
Braun verkauft, ist schon in die Journalliteratur[1]) gedrungen;
es ist jedoch eine in der Industrie allbekannte Thatsache, dass
der grösste Theil der deutschen Farbenfabriken ein ganz ähnliches Präparat als Anilinbraun in den Handel bringt.

---

[1]) Polyt. Centralbl. 1865, p. 748.

Es lässt sich jedoch ausserdem ein reines Anilinbraun darstellen. Schon am 17. März 1863 nahm George Delaire aus Paris ein Patent für England[1]) auf ein Verfahren, Anilinbraun darzustellen.

Nach der Specification werden 4 Theile wasserfreies salzsaures Anilin mit 1 Theile trockenen Anilinöls, Anilinviolets oder Blau's zusammengeschmolzen. Nachdem die Masse gleichförmig geworden, erhöht man die Temperatur zum Kochpunkte des chlorwasserstoffsauren Anilins, also auf 240⁰ Celsius. Die Masse wird so lange auf dieser Temperatur erhalten, bis die Farbe der Mischung, welche zu Anfang sich nicht zu ändern schien, plötzlich in Braun übergeht. Die Operation dauert ein oder zwei Stunden und kann als vollendet betrachtet werden, wenn gelbe Dämpfe sich an den Seiten des Apparates condensiren.

Die so erhaltene braune Farbe ist löslich in Wasser, Alkohol und Säuren und kann ohne jede weitere Behandlung zum Färben verwendet werden. Man kann sie durch Niederschlagen aus ihrer Lösung in Wasser mit Kochsalz reinigen.

Im Allgemeinen fällen alle hinlänglich concentrirten Salzlösungen sowie Alkalien den braunen Farbstoff.

Statt zur Darstellung des braunen Farbstoffes fertige Anilinfarben anzuwenden, kann man auch die zur Bereitung derselben dienenden Materialien gebrauchen.

Nach einer Mittheilung Horace Koechlin's[2]) in der Sitzung der industriellen Gesellschaft von Mülhausen vom 30. August hat auch das Leukanilin (s. oben) eine Verwendung gefunden.

Nach Hofmann[3]) erhält man durch Behandlung des Leukanilins, Rosanilins oder eines seiner Salze mit oxydirenden Agentien braungefärbte Produkte, und diese sind es, welche Koechlin in seiner Mittheilung auf der Zeugfaser zu befestigen lehrt.

Das Leukanilin, von L. Durand, einem der Erfinder des Quecksilberprozesses, herrührend, war folgendermassen

---

1) Newton's London Journ. t. 18. p. 349.
2) Bulletin de la société industrielle de Mulhouse. Août 1865, p. 347.
3) Moniteur scientifique 1862, p. 169.

dargestellt worden. Man lässt eine wässrige Lösung von Fuchsin (chlorwasserstoffsaurem Rosanilin) unter Zusatz von Zinkpulver sieden, bis die rothe Farbe des Fuchsins verschwunden ist, was nach Verlauf einiger Minuten geschehen sein soll. Der grösste Theil des Leukanilins ist mit dem gebildeten Zinkoxyde aus der Lösung herausgefallen. Tur Trennung desselben von dem genannten Oxydationsprodukte wird der gesammte Niederschlag auf einem Filtrum gesammelt und ebendaselbst mit Alkohol behandelt. Dieser löst das vorhandene Leukanilin auf, während das Zinkoxyd im Rückstande bleibt. Nach dem Abdestilliren des Alkohols erhält man das Leukanilin als eine gelbe, harzartige Masse.

Um nun aus dem Leukanilin den braunen Farbstoff zu erzeugen, bedient sich Koechlin im Wesentlichen des Verfahrens, mittelst dessen man mit Hülfe von Anilinsalzen das schwarze Pigment erhält. Er ersetzt in der Mischung, die zum Drucken von Anilinschwarz dient und mit Schwefelkupfer (s. oben) präparirt ist, das Anilinsalz durch weinsaures Leukanilin $2 (C^{14} H^{21} N + HO) . C^{8} H^{4} O^{10}$, oder Fuchsin (chlorwasserstoffsaures Rosanilin) und verfährt nach dem Aufdrucken der so veränderten Masse ganz so wie es beim Anilindruckschwarz gebräuchlich ist. Die oxydirte und gewaschene Farbe ist ein Dunkelbraun (puce), das der Luft, den Säuren wie alkalischen und Seifenbädern gut widersteht.

Für das Fixiren der Farbe mittelst Dampf ist die Anwendung von Schwefelkupfer unabweislich.

Auf Wolle kann dieses braune Fuchsin mit Vortheil das Orseillebraun vertreten.

Die Druckfarbe wird folgendermassen zusammengesetzt. Es werden gemischt

0,25 Litre einer Fuchsinlösung, die auf 1 Litre Alkohol 50 grammes Farbstoff enthält,

0,75 Litre Gummischleim,

50 grammes Oxalsäure und 25 grammes chlorsaures Kali.

Man kann auf diese Weise alle Töne vom Granat an bis zum Schwarz erhalten. Will man ein rothes Granat erzeugen, so muss man die Oxydation vermeiden und also weniger chlorsaures Kali oder weniger Oxalsäure anwenden. Um dieselbe Farbe mit gelbem Stiche zu erhalten, braucht man nur der Farbe einen gelben Lack zuzufügen, der aber frei sein muss von Zinnoxydul, da dieses die Oxydation hemmen und ein röthliches Granat erzeugen würde.

Indem Koechlin eine Lösung von Fuchsin mit chlorsaurem Kali und Chlorwasserstoffsäure behandelte, erhielt er den von Hofmann beobachteten braunen Niederschlag. Derselbe ist unlöslich in Wasser, löslich in Alkohol und concentrirter Schwefelsäure; ein Zusatz von Wasser schlägt ihn aus den genannten Lösungen nieder. Mit Hülfe von Albumin ist es möglich, den Farbstoff auf Baumwolle zu befestigen.

Auch das pikrinsaure Ammoniak $(NH^4 O . C^{12} H^2_3 NO^4 O)$ soll bei der Reduction mit feinvertheiltem Zink eine rothbraune Substanz geben, welche die Wolle färbt.

Am Schlusse seines Berichtes erwähnt Koechlin noch die Anwendung von Zink und anderen reducirenden Körpern zur Entfärbung der schon auf der Zeugfaser befestigten Anilinpigmente.

L. Durand druckt das feinvertheilte Zink als Aetzpapp auf Zeuge, die mit Roth, Violet, Blau und Grün gefärbt sind. Er dämpft und wäscht alsdann, die Farbe wird durch das Zink zerstört und lässt einen weissen Fleck zurück. Es entsteht beim Fuchsin hierbei jedenfalls Leukanilin.

Auch bei Anilinschwarz kann das Zink angewendet werden.

Durand liess dieses Verfahren patentiren und nicht nur für Zink, sondern für alle die Metalle, welche im Stande sind, die Anilinfarben zu reduciren, ebenso für Cyankalium.

Unterscheidungsmerkmale der Anilinfarben unter sich und von anderen ihnen ähnlichen Farben auf der Zeugfaser.

———

Da es unter allen Umständen von der grössten Wichtigkeit sein muss, in vorkommenden Fällen genau zu wissen, ob eine auf die Zeugfaser aufgetragene Farbe eine Anilinfarbe sei und welche, so fügen wir die Resultate einer Untersuchung bei, welche dieser Anforderung im Allgemeinen entsprechen dürfte.

Dr. J. J. Pohl[1]) führt zur Unterscheidung der einzelnen Anilinfarben eine Tabelle an. Es sind die Reactionen der gefärbten Zeuge angegeben, wenn sie mit den angeführten Reagentien behandelt werden.

Pohl benutzt als Mittel, die Farbe nach erfolgter Fixirung auf Garnen oder Geweben von allen anderen Farbstoffen zu unterscheiden, reine rauchende Salzsäure und eine Salzsäure, die mit ihrem dreifachen Volumen Wasser verdünnt ist. Man beobachtet die Einwirkung der concentrirten Säure bei gewöhnlicher Temperatur, gleich nach dem Uebergiessen der in einem passenden Glasgefässe befindlichen Waare, denn nach 5 und nach 15 Minuten, so wie die Erscheinung, welche nach dem Verdünnen eintritt. Beim Gebrauche der verdünnten Salzsäure dagegen beobachtet man nur sogleich, nach 15 Minuten und vorgenommener starker Verdünnung mit Wasser. Die Erscheinungen, welche die verschiedenen Anilinfarben hierbei gaben, zeigt die folgende Uebersicht.

———

1) Polyt. Centralbl. 1864, p. 1379. Dingler's polyt. Journ. Bd. 173. p. 211.

Namen der fixirten Farbe	Wirkung der concentrirten Salzsäure			Hierauf mit Wasser verdünnt.	Wirkung der mit dem 3fachen Volumen verdünnten Salzsäure		Hierauf mit Wasser verdünnt.
	sogleich	nach 5 Minuten	nach 15 Minuten		sogleich	nach 15 Min.	
Anilinviolett.	Blau; die Flüssigkeit färbt sich blau.	Blau; die Flüssigkeit blau.	Blau; die Flüssigkeit blau.	Die Waare wird violett; jedoch etwas röther als ursprünglich.	Violett.	Violett, mehr ins Rothe als ursprünglich.	Violett
Dahlia.	Schmutzig braunroth, ins Dunkelviolette; Flüssigkeit braunroth.	Schmutzig braunroth, ins Graue; Flüssigk. ebenso.	Graugrün; Flüss. graugrün.	Blau; nach einiger Zeit Stich ins Violette; Flüssigkeit blau.	Blau.	Taubengrau; die Flüssigk. schmutz. rothbraun.	Violett; Flüss. blau.
Parme d'Aniline.	Wie Dahlia.	Wie Dahlia.	Wie Dahlia.	Wie Dahlia.	Wie Dahlia.	Wie Dahlia.	Wie Dahlia.
Fuchsin.	Violett.	Dunkelbraun; Flüssigkeit gelbbraun.	Dunkelbraun; Flüssigkeit gelbbraun.	Violett.			
Corallin von Würtz, Farbstoff aus $C^{12} H^5 O + HO$.	Keine Aenderung.	Blässer; Flüssigk. johannisbeerroth.	Farbe fast ganz abgez.; Flüssigk. johannisbeerroth.	Die Farbe fällt wieder etwas an.	Keine Aenderung.	Etwas heller; Flüss. blass johannisbeerroth.	Keine Aenderung.
Anilinblau.	Blau.	Schmutzig blaugrün; Flüssigkeit schwach violett.	Dunkel schmutzig-blaugrau; Flüssigkeit blass violett.	Blau.			
Bleu de Lyon u. Bleu de lumière.	Blau.	Rein blau; Flüssigkeit farblos.		Blau mit dem Stich ins Violette.	Ungeändert.		
Azurin von Würtz, aus $C^{12} H^5 O + HO$.	Ungeändert.	Blau mit einem Stich ins Grünliche; Flüssigkeit blassblau.		Zeigt die ursprüngliche Farbe.	Ungeändert.		

Namen der fixirten Farbe.	Wirkung der concentrirten Salzsäure			Hierauf mit Wasser verdünnt.	Wirkung der mit dem 3 fachen Volumen verdünnten Salzsäure		Hierauf mit Wasser verdünnt.
	sogleich	nach 5 Minuten	nach 15 Minuten		sogleich	nach 15 Min.	
Anilingrün.	Ungeändert.	Blos gelb, ins zeisiggrüne; Flüssigkeit gelb.	Farblos; Flüssigkeit goldgelb.	Die ursprüngl. Farbe.	Ungeändert.		
Anilinbraun.	Fast ungeändert; Flüssigkeit braun.	Etwas lichter; Flüssigkeit dunkelbraun.	Abermals lichter; Flüssigk. braun.	Die ursprüngl. Farbe, etwas lichter.	Ungeändert.		
Anilinschwarz.	Ungeändert.	Ungeändert; Flüss. gelblich.	Tief stahlgrün, ins Schwarze; Flüssigkeit licht olivenbraun.	Tief stahlgrün ins Schwarze.	Ungeändert.		

Bestimmung der Färbekraft und Intensität der Anilinfarben.

Es erscheint für den Anilinfabrikanten von der höchsten Wichtigkeit, den Werth seines Präparates hauptsächlich in Bezug auf das Vermögen zu prüfen, die thierische wie vegetabilische Faser zu färben.

Gewöhnlich macht man den Werth einer Farbe abhängig von den Fragen: Wieviel eines zu prüfenden Farbstoffes gehört dazu, ein bestimmtes Gewicht Wolle in einer gegebenen Nüance zu färben, oder wieviel Wolle ist ein bestimmtes Gewicht des zu prüfenden Farbstoffes im Stande in einer gegebenen Nüance zu färben?

Zur Beantwortung dieser Fragen schlägt man am einfachsten und practischsten folgenden Weg ein.

5 Decigrammes des zu prüfenden Farbstoffes werden genau abgewogen und in einem Kölbchen mit 50 Kubikcentimetern Alkohol übergossen. Zur Vertheilung des Farbstoffes in der Flüssigkeit schüttelt man gut um und erhitzt das Kölbchen etwa eine Viertelstunde lang im Wasserbade. Während dieser Zeit hat der Alkohol Gelegenheit, den Farbstoff vollkommen aufzulösen. Ist dies geschehen und sind nur noch die in den Farbstoffen, hauptsächlich in Blau und Violett fast immer vorkommenden Kohlentheilchen ungelöst im Kolben, so nimmt man denselben aus dem Bade, lässt etwas absetzen und giesst die klare Lösung in ein graduirtes Mischgefäss. Da in dem Kolben jedoch eine grössere Quantität des Alkohols verdunstet ist, so ergänzt man die Flüssigkeit mit reinem Alkohol, bis ihr Volumen wiederum 50 Kubikcentimeter beträgt. Man

spühlt am besten mit dem reinen Alkohol vor dem Zusatze das Kölbchen noch einmal nach. Hat man in dieser Weise die Flüssigkeit auf 50 Kubikcentimeter ergänzt, so hat man eine Lösung von 1 Theile des Farbstoffes in 100 Theilen Alkohol. 50 Kubikcentimeter Alkohol sind (wenn auch nur annähernd) etwa gleich 50 Grammes, 5 Decigrammes sind aber die Hälfte von 1 Gramme, also in 50 Grammes, 50 . 2 = 100 mal enthalten.

Um die erste der oben angegebenen Fragen zu beantworten, wieviel des zu prüfenden Farbstoffes gehört dazu, ein bestimmtes Gewicht Wolle in einer gegebenen Nüance zu färben? verfährt man am besten wie folgt.

In einem geeigneten Porcellanschälchen erwärmt man eine genügende Quantität Wasser so weit, dass man nur eben noch die Hand darin zu halten vermag. Man wägt alsdann genau 1 Gramme Zephyrwolle ab, legt sie in das warme Wasser ein und bewegt sie so lange mit einem Glasstabe hin und her, bis sie gänzlich vom Wasser durchdrungen ist. Alsdann wird sie einen Augenblick mit dem Glasstabe aus dem Wasser gehoben und von der vorher besprochenen alkoholischen Farbstofflösung 1 bis 2 Centimetres hinzugefügt, die Flüssigkeit umgerührt und die Wolle vorsichtig eingesenkt. Die Farbe „fällt" nun sofort an die Wolle „an", man fügt, nachdem der Flotte erschöpft ist von Neuem Farbstofflösung hinzu, lässt sie wieder absorbiren und fährt damit so lange fort, bis die gefärbte Wolle genau die Nüance einer gefärbten Wollenprobe zeigt, von der man ebenfalls wissen muss, wie viel einer wie oben beschrieben gemachten Lösung erforderlich war, 1 Gramme Probewolle in der gegebenen Nüance zu färben.

Die Güte des Probefarbstoffes und des zu prüfenden verhält sich nun umgekehrt proportional der Menge des verbrauchten Farbstoffes. Waren z. B. 5 Kubikcentimeter einer wie oben bereiteten Farbelösung nöthig, um 1 Gramme Wolle in der betreffenden Nüance zu färben, und erforderte dieselbe Menge Wolle bei dem zu prüfenden Farbstoffe 7 Kubikcentimeter, so verhält sich

$$a : b = 7 : 5,$$

wenn wir mit a den Probefarbstoff, mit b aber den zu prüfenden bezeichnen, oder b hat in Betreff der Färbekraft nur $\frac{5}{7}$ des Werthes von a.

Die Beantwortung der zweiten Frage, wieviel Wolle ist ein bestimmtes Gewicht des zu untersuchenden Farbstoffes im Stande in einer gegebenen Nüance zu färben? unterscheidet sich in der Art der Beantwortung nicht viel von der vorigen. Man bringt in dem Färbeschälchen sogleich die ganze Quantität der Farbstofflösung, gleich der zur Färbung der Probewolle verwendeten, mit dem heissen Wasser zusammen und färbt nun kleine Quantitäten Wolle so lange darin aus, bis sie die gewünschte Nüance erreicht haben, nimmt sie alsdann heraus, verfährt mit einer neuen Portion ebenso und so fort bis die letzte Portion von Wolle, welche man allerdings sehr klein zu wählen hat die Flotte gänzlich erschöpft. Man trocknet und wägt alsdann die gefärbte Wolle.

Das Gewicht der mit dem zu untersuchenden Farbstoff (b) gefärbten Wolle verhält sich hier dem Gewichte der mit dem Probefarbstoffe (a) gefärbten Wolle direkt proportional. Hatte man mit a 1 Gramme, mit b aber 1,5 Gramme Wolle zu färben vermocht, so ist

$$a : b = 1 : 1{,}5,$$

oder in Bezug der Ausgiebigkeit beim Färben verhält sich der Werth des zweiten Farbstoffes zu dem des ersten wie 3 : 2.

Jedenfalls erfordert die zweite Art der Fragebeantwortung mehr Zeit und Mühe als die erste, weshalb auch gewöhnlich diese vorgezogen wird.

Will man nur im Allgemeinen eine Ansicht über den Werth eines Farbstoffes haben, ohne aber einen Färbeversuch zu beabsichtigen, so braucht man nur die relative Intensität der mit den zu prüfenden Farbstoffen bereiteten Lösungen zu prüfen.

Man verschafft sich zwei in ihren Dimensionen durchaus gleiche, weisse Fläschchen von ungefähr 25 Kubikcentimetern Inhalt, deren Querschritt quadratisch gestaltet ist. In diesen hat man nach der Füllung offenbar eine ganz gleich dicke Flüssigkeitsschicht, wenn man beide mit einer ihrer flachen Seiten auf sich zukehrt. In die erste der beiden Flaschen giesst man nun den Probefarbstoff, von dem 0,25 Gramme mit Alkohol zu 25 Kubikcentimetern Flüssigkeit gelöst wurde. Wir wollen diese Flüssigkeit mit „A" bezeichnen. Eine gleichbereitete Lösung des zu prüfenden Farbstoffes bringt man in die zweite Flasche; wir wollen diese Flüssigkeit „B" nennen.

Man hat nur nöthig durch beide Flaschen hindurchzusehen, um die Intensitäten beider Flüssigkeiten abschätzeu zu können. Am genauesten kann man diese Differenz erfahren, wenn man A oder. B je nach ihrem Intensitätsunterschiede mit Alkohol im bestimmten Verhältnisse verdünnt, bis beide Lösungen gleiche Intensitäten zeigen. Es ist alsdann die in einer der beiden Flüssigkeiten nöthig gewordene Verdünnung ein Massstab des Werthes. Die schliessliche Menge (die ursprünglichen 25 Kubikcentimeter plus der nöthig gewordenen Verdünnung) ist direkt proportional dem Werthe des Farbstoffes.

In vielen Fällen kann man nach dieser Intensitätsprüfung auf den Werth der Farbe schliessen, häufig jedoch verhält sich die Intensität der Lösungen ganz anders wie ihre resp. Färbekraft.

Alphabetisches Register.

D.

S.

W.

X.